ulmer



Rolf Heinzelmann | Manfred Nuber

# UNSERE ERSTE OBSTWIESE

## Nachhaltig bewirtschaften und Vielfalt erleben

# Auf die Obstwiese, fertig, los!

Obstwiesen sind nicht nur in vielen Regionen Baden-Württembergs ein prägendes Landschaftselement. Sie repräsentieren ein Stück Heimat und über die Hälfte der Flächen ist in privater Hand.

Nachdem der wirtschaftliche Nutzen mehr und mehr in den Hintergrund getreten ist, sind die Obstwiesen in unserer heutigen, oft hektischen Zeit zunehmend zur Last geworden und das Wissen zur Bewirtschaftung ging langsam verloren.

In den letzten Jahren ist das Interesse an der Erhaltung dieser wertvollen Flächen in unserer Kulturlandschaft allerdings wieder deutlich gewachsen. Viele Menschen entdecken die Obstwiese als sinnvolle Freizeitbeschäftigung und als Möglichkeit, nachhaltig etwas für Natur und Umwelt zu tun. Der hohe Freizeit- und Erholungswert verbunden mit körperlicher Betätigung an der frischen Luft, spielt dabei eine ebenso große Rolle wie das Ernten von eigenem Obst für eine gesunde Ernährung.

Obstwiesen sind Lebensraum für viele Pflanzen- und Tierarten und weisen eine große Sorten- und Artenvielfalt auf. Der hohe ökologische Wert basiert auf robusten und wenig pflegebedürftigen Sorten, die auch als Genreservoir zu sehen sind. Bei extensiver Nutzung des Unterwuchses zeigen sich häufig blütenbunte Wiesen und sorgen für ein abwechslungsreiches Landschaftsbild.

Schon heute, aber auch in den kommenden Jahren werden nicht wenige Obstgrundstücke an die nächste Generation weitergegeben und treffen häufig auf völlig ahnungslose, wenig begeisterte Erben. Die überlassene Obstreihe, das geerbte Obstwiesle wird eher als Last, denn als eine echte Chance gesehen. Ziel dieses Buches ist es daher Menschen, die eher zufällig oder sogar unfreiwillig an ein Obstgrundstück kommen, davon zu überzeugen, dass es sich lohnt, die Flächen nicht nur zu behalten, sondern auch zu erhalten und zu bewirtschaften.

Wir zeigen Ihnen, dass es neben dem positiven Nutzen für Natur, Umwelt und Erholung auch handfeste Argumente für die Eigennutzung gibt. Vom Obstbaumschnitt, über die Pflege der Wiese bis hin zur Ernte und Verwertung werden Schritt für Schritt Fragen beantwortet und Anregungen gegeben. Leicht verständliche und gut umsetzbare Tipps helfen Ihnen, Ihre Obstwiese fachgerecht zu bewirtschaften.

Viel Spaß mit Ihrem Obstwiesle!
Rolf Heinzelmann und Manfred Nuber

## Gut zu wissen

**Früher wurden Obstwiesen gepflanzt, um den oft kargen Speiseplan aufzubessern. Im Laufe der Zeit veränderte sich ihre Nutzung.**



## Praxis

**Erst die Pflicht, dann das Vergnügen – lernen Sie Ihre Obstwiese und wichtige Pflegemaßnahmen kennen, damit Sie bald leckere Früchte ernten können.**

## Rat und Tat

**Nur auf den ersten Blick haben die praxisnahen Tipps zu Versicherung & Co. nichts mit der Bewirtschaftung von Obstbaumwiesen zu tun.**

# Gut zu wissen

Obstwiesen wurden von unseren Vorfahren gepflanzt, um den früher oft kargen Speiseplan aufzubessern und für eine vielfältigere und gesündere Ernährung zu sorgen. Dabei spielte nicht nur der Direktverzehr als Tafelobst eine Rolle, sondern auch verschiedene Verwertungsprodukte. Die Selbstversorgung war vorherrschend und erst als sich der Erwerbsanbau mehr und mehr entwickelte, veränderte sich auch die Nutzung der Obstwiese.

# Was sind Obstwiesen?

Vereinfacht erklärt, handelt es sich um großkronige Obstbäume verschiedener Arten und Sorten, die in Abständen auf einer Wiese stehen. Die meist hochstämmigen Bäume verschiedenen Alters sind als Individuum klar erkennbar und wirken auf der Fläche wie willkürlich verstreut – daher der Name Streuobstwiese.

## Wie sind sie entstanden?

Im Untergrund früherer Pfahlbauten an den Ufern von Alpenseen wurden Reste vom Holzäpfelchen (*Malus sylvestris*) gefunden: Die Pfahlbauäpfel waren kleinfruchtig und bedingt durch viel Gerbsäure herbsauer. Diese Wildform hat mit der Entstehung unserer heutigen Kultursorten so gut wie nichts zu tun. Ihre Ahnen (Kaukasusapfel, Altaiapfel) stammen ursprünglich aus dem Kaukasus (Asien) und aus ihnen entstanden durch fortwährende Auslese und letztlich Züchtung unsere Apfelsorten. Möglicherweise enthält aber die eine oder andere gerbsäurehaltige Mostobstorte auch einen kleinen Anteil der damaligen Wildformen.

Die Römer bauten in ihrer Heimat vorwiegend wärmebedürftige Obstgehölze wie Oliven an, dies war nördlich der Alpen klimatisch nicht möglich. Aber die bereits bekannte Technik des Okulierens und das Pfropfen kamen über die Perser, Griechen und Römer zu uns und ließen sich auch auf andere Baumarten übertragen. Die Kunst des Veredelns war für die Entwicklung des Obstbaus in unseren Gefilden eine wichtige Grundvoraussetzung.

In frühalemannischen Reihengräbern bei Oberflacht/Tuttlingen aus dem 6./7. Jh. wurden als Grabbeigabe Samen von Birne, Apfel, Pflaume, Schlehe, Süßkirsche, Walnuss, Haselnuss und Mehlbeere gefunden. Bereits aus dem 8. Jh. stammen Aufzeichnungen über größere Hausgärten mit mehreren Obstbäumen. Im frühen Mittelalter fand man in den Siedlungen Äpfel, Birnen, Zwetschgen, Kirschen und oft einen markanten Nussbaum in der Dorfmitte. Die Obstbäume standen oft unmittelbar bei den Häusern, so war es leichter Obstdiebstahl zu verhindern. Viele Bewohner mittelalterlicher Siedlungen waren Bauern; sogenannte Ackerbürger. Sie besaßen zudem Getreideäcker, Obst- und Weingärten vor den Toren der Stadt, aus denen nach und nach die ersten Streuobstgürtel um die Dörfer und Städte entstanden.

Die Klöster waren für die Entwicklung des Obstbaus von besonders großer Bedeutung. So hatten viele Klöster neben dem Gemüseanbau und der Teichwirtschaft häufig weitläufige Obstgärten mit verschiedenen Obstarten. Pflanzpläne des Klosters St. Gallen aus dem 9. Jh. enthielten schon mehrere verschiedene Arten- und Sortenbeschreibungen. Auch im Hoch- und Spätmittelalter waren die Klöster etwa der Zisterzienser oder Benediktiner (z. B. Hildegard von Bingen) Förderer des Obstbaus.

Wein war im Mittelalter für die Menschen im Christentum von großer Bedeutung. Der Transport über weitere Strecken aber war problematisch und der Kauf für die meisten zu teuer. Daher wurde auch in ungünstigeren Lagen Weinbau betrieben,

*Siedlungen wurden traditionell mit Obstwiesen umgeben. Daher der Name Streuobstgürtel.*

was teilweise an noch verbliebenen Weinbergmauern in Südhanglage zu erkennen ist. Im 19. Jh. entstanden aus Weinbergen zunehmend Obstbaumflächen. Auslöser dafür war die Einschleppung von Echtem und Falschem Mehltau (*Oidium* und *Peronospora*) als klassische Pilzkrankheiten an der Weinrebe sowie die Verbreitung der Reblaus, welche ganze Weinberge absterben ließ.

Die weitere Ausdehnung des Obstbaus wurde durch die Landesherren gefördert. So gab es z. B. in Württemberg Erlasse, entlang der Straßen vermehrt Obstbäume zu pflanzen, da Acker- und Wiesenflächen dafür zu kostbar erschienen. Restbestände der nebenbei schattenspendenden Straßenbepflanzungen mit vornehmlich starkwüchsigen Birnen- und Apfelhochstämmen kann man heute noch antreffen.

Die Bevölkerung wuchs stetig und die Ackergrundstücke wurden, auch durch die Realteilung, immer kleiner. Daher war eine Doppelnutzung (oben Bäume mit Obstertrag, unten Äcker mit Getreide oder Feldfrüchten) notwendig und sinnvoll. Damit wirkten sich auch Wetterkapriolen nicht mehr so stark aus. Zum Beispiel war ein nasser Sommer zwar schlecht für den Weizen im Unterwuchs, aber förderlich für das Fruchtwachstum der Obstbäume. Komplettausfälle der Ernte konnten vermieden werden.

Durch Verbote der Waldweidenutzung und die Zunahme der Milchviehwirtschaft setzten sich als Unternutzung vermehrt Wiesen durch. Man benötigte Frischfutter und Heu, um die Fütterung der Milchkühe zu gewährleisten. Die ehemaligen Baumäcker wurden mit Gras angesät. So entstanden nach und nach unsere typischen Obstwiesen.

Bedingt durch die weitere Bevölkerungszunahme vervielfachten sich, besonders um die Städte herum, die Obstbaumflächen. Im Jahre 1837 fand der erste Baumwartekurs durch Eduard Lucas in Stuttgart/Hohenheim

*Plantagen mit kleinbleibenden Apfelbäumen sind wirtschaftlicher zu bearbeiten. Allerdings sind sie weniger wertvoll für das Landschaftsbild und die Ökologie.*

statt. Zunehmend waren Wanderlehrer in ganz Deutschland unterwegs und gaben ihr Wissen weiter. 1860 gründete Lucas in Privatinitiative das damals weithin bekannte „Pomologische Institut" in Reutlingen als obst- und gartenbauliche Lehranstalt. Auch zahlreiche Obstfachbücher stammen aus seiner Feder. Die Folge dieser intensiven Bildungsarbeit war die Gründung erster Obstbauvereine im Land: 1880 schlossen sich die Obstbauvereine zum Württembergischen Obstbauverein zusammen und 1886 folgte der Badische Landesobstbauverband. 1900 gab es bereits 1123 Gemeinde- und 31 Bezirksbaumwarte. Weitere Obstbauvereine wurden gegründet und die Obstwiesen dehnten sich aus und bildeten größere, zusammenhängende Flächen. 1938 zählte man in Baden-Württemberg etwa 26 Millionen Obstbäume.

Nach dem Zweiten Weltkrieg entwickelte sich der Intensivobstbau. Die großkronigen Bäume wurden nach und nach durch leichter zu pflegende und dadurch wirtschaftlichere, kleinkronige Bäume ersetzt. Dies gipfelte im Jahr 1957 im Generalobstbauplan, durch den mit staatlichen Beihilfen etwa 60 000 ha Streuobst gerodet, und dafür vermehrt Gemeinschaftsobstanlagen und Niederstammflächen angelegt wurden. Charakteristisch war die Pflanzung in Reihen mit Fahrgassen, um die Bewirtschaftung zu erleichtern. Neue, schwach wachsende Unterlagen fanden Verwendung und reduzierten Schritt für Schritt die Wuchsstärke der Obstbäume. Hierdurch veränderte sich neben dem Landschaftsbild auch die Sortenvielfalt erheblich.

Viele Streuobstflächen fielen Siedlungsflächen und dem Straßenbau zum Opfer. Etliche Bestände wurden mangels Wirtschaftlichkeit nicht mehr gepflegt und zugunsten einer großflächigen, baumfreien, landwirtschaftlichen Acker- oder Wiesennutzung gerodet. Obstbaumzählungen zeigten diesen Negativtrend auf: Während es 1965 noch 18 Millionen Bäume gab, waren es 1990 nur noch 11 Millionen. Im Jahr 2005 gab das Ministerium für Ländlichen Raum und Verbraucherschutz (MLR) eine erneute Untersuchung in Auftrag, bei der etwa neun Millionen Bäume erfasst wurden. Diese Zahl dürfte mittlerweile noch weiter gesunken sein, denn viele alte Bäume sterben derzeit ab und die Neupflanzungen wurden nicht ausreichend gepflegt, sodass in den kommenden Jahren weitere drastische Verluste zu erwarten sind.

Die größte Verbreitung hat der Apfel auf unseren Obstwiesen, gefolgt von Birne und verschiedenen Steinobstarten. Walnüsse, Speierling, Mispel und verschiedene Wildobstarten sind ebenfalls im Streuobstbereich anzutreffen.

## Definition Streuobstwiese

Der Begriff Streuobstwiese wurde wegen des zunehmenden Intensivobstbaus zur Unterscheidung der Anbauweisen geprägt. Über eine eindeutige Definition der Kulturlandschaft Streuobstwiese gehen die Meinungen der Experten auseinander.

Obstbauliche Fachverbände und Naturschutzverbände führten zu diesem Thema viele Gespräche, die letztlich kein eindeutiges Ergebnis hervorbrachten. Vertreter der Naturschutzverbände wollten die Definition zum Beispiel an der Stammhöhe und am Verzicht bestimmter Pflanzenschutzmaßnahmen festmachen. Die Fachverbände wiederum orientierten sich am Ist-Zustand und an der Art und Weise der Bewirtschaftung, die überwiegend vorherrscht.

Eine entscheidende Rolle spielt, ob das Obst überwiegend für die Saftproduktion verwendet wird, oder auch als Tafelobst. Zur Saftproduktion können die Früchte vom Boden aufgelesen werden, bei der Verwendung als Tafelobst muss man die Früchte aus der Krone pflücken. Allein hieraus ergibt sich die Situation, dass sowohl Hoch- als auch Halbstämme ihre Berechtigung haben und in den Obstwiesen vorkommen. Gemeinsam mit den landwirtschaftlichen Fachverbänden und den Kreisfachberatern der Landkreise hat der LOGL (Landesverband für Obstbau, Garten und Landschaft Baden-Württemberg e. V.) obenstehende Definition erarbeitet, die in vielen Fachkreisen Anerkennung findet.

## LOGL-Definition Streuobst

**Streuobstbau ist eine Form des naturverträglichen Obstbaus, bei dem großteils starkwüchsige, hochstämmige und großkronige Obstbäume, in weiträumigen Abständen mit maximal 150 Bäumen je Hektar, meist auf Dauergrünland stehen. Charakteristisch für Streuobstbestände ist die regelmäßige Unternutzung als Dauergrünland. Daneben gibt es Streuobstäcker mit ackerbaulicher oder gärtnerischer Unternutzung, Streuobstalleen, sonstige linienförmige Anpflanzungen sowie Einzelbäume. Häufig sind die Streuobstbestände aus Obstbäumen verschiedener Arten und Sorten, Alters- und Größenklassen zusammengesetzt.**

*Besonders am Albtrauf, wie hier in Weilheim an der Teck (Baden-Württemberg), sind noch großflächige Obstwiesenbestände vorhanden.*

## Schützen durch Nützen

Streuobstwiesen prägen, insbesondere in bestimmten Regionen, große Teile unserer Kulturlandschaft und sind Lebensraum für viele Pflanzen- und Tierarten, die unmittelbar von dieser Bewirtschaftungsform als „Kulturfolger" abhängig sind. Daher führt das Unterlassen der klassischen Kulturmaßnahmen wie Pflanzung und Pflege zwangsläufig zum Verschwinden dieser Kulturlandschaft und damit verschwindet auch deren ökologische Wertigkeit. Zum Erhalt von Obstbaumbeständen ist folglich eine fachgerechte Bewirtschaftung zwingend notwendig.

Heute spielt neben der ökologischen Bedeutung die Selbstversorgung wieder eine größere Rolle. Allerdings bei Weitem nicht mehr mit der dringenden Notwendigkeit bzw. Abhängigkeit wie vor und kurz nach dem Zweiten Weltkrieg. Neben dem massiven Flächenverbrauch durch Straßenbau, Industrieanlagen und Ausweisung von Baugebieten ist dies der Hauptgrund, warum sowohl die Anzahl der Bäume als auch der Pflegezustand kontinuierlich abnehmen. Aber nicht nur der schlechte Pflegezustand der Altbäume gefährdet die Bestände, auch dringend erforderliche Neupflanzungen erreichen aufgrund der fehlenden Pflege nur selten das Ertragsalter und so auch längerfristig gesehen keine naturschutzfachliche Wertigkeit.

Das Wissen rund um die Themen Obst und Garten sowie um die Zusammenhänge zwischen Wachsen, Pflegen und Ernten gehen mehr und mehr verloren. Der nächste Supermarkt ist nah und Garten und Natur werden häufig nur noch als nette Dekoration wahrgenommen und nicht als mögliche „Produktionsfläche“ von obst- und gartenbaulichen Erzeugnissen für den Eigenverbrauch. Neben der fehlenden Wirtschaftlichkeit sind in erster Linie die mangelnden Fachkenntnisse vieler (angehender) Obstbaumbesitzer Schuld an der Misere.

Der Landesverband für Obstbau, Garten und Landschaft Baden-Württemberg (LOGL) steuert diesem „Pflegenotstand“ unter anderem durch die Ausbildung zum LOGL – Geprüften Obst- und Gartenfachwart® entgegen (Seite 126). Ein wichtiger Aspekt dieser Ausbildung ist es, die Begeisterung für den (Streu-)Obstbau zu wecken und die Motivation für die Obstbaumpflege zu steigern. Denn nur was man versteht und wertschätzt, möchte man auch erhalten und nur wer versteht, was die Menschen bewegt, kann sie ebenfalls bewegen.

Die derzeit verbreitete neue Landlust sogenannter „Stadtmenschen“ ist stark von Nostalgie geprägt. Viele Menschen aus Ballungsgebieten haben den Bezug zur Landwirtschaft verloren und hängen einer ländlichen Idylle nach, die so gar nicht (mehr) existiert. Die Entfremdung zwischen den Erzeugern landwirtschaftlicher Produkte und Verbrauchern ist so groß wie nie. Dieser momentane Trend gesteigerter Aufmerksamkeit für „nostalgische“ Landwirtschaft birgt allerdings auch eine große Chance: Menschen nämlich wieder für das Thema Obstwiesen neu zu begeistern. Nur sollten die Informationen und Gedanken auf nachvollziehbaren Fakten beruhen, sonst verschwindet das Interesse so schnell wie es gekommen ist.

Spannend an einer Obstwiese ist, dass die beiden wertvollen Elemente *Obstbaum* und *Wiese* eine noch wertvollere Einheit bilden. Während das Nutzen der Früchte noch gut vorstellbar ist, wird es bei der Blumenwiese jedoch schon schwieriger. Die hohe Wertigkeit einer artenreichen Blumenwiese auch für Pflanzen, Tiere und Insekten wird Ihnen erst richtig bewusst, wenn Sie mehr verständliche Informationen hierzu erhalten. Wir wollen Ihnen diese Zusammenhänge spannend vermitteln und Sie werden sehen, wie bei Ihnen die Begeisterung für das Beobachten, Riechen und Schmecken immer mehr zunimmt!

Die Kombination aus Bewegung an frischer Luft und der Möglichkeit, gesunde Früchte und deren Produkte zu genießen sowie der sportliche Aspekt als Triebfeder eines jeden Hobbys sind nicht zu unterschätzen. Dabei sind bei der Obstwiesenbewirtschaftung einige Aspekte von Bedeutung:

### Kenntnisse über Obstarten und -sorten

Inhaltsstoffe, Geschmack, Verwertbarkeit, Anfälligkeit für Krankheiten und Schädlinge und Wärmebedürftigkeit sind sehr unterschiedlich. Hat man eine Obstwiese übernommen, ist eine kundige Person, die einem bei der Arten- und Sortenbestimmung behilflich ist, sehr gefragt. So kann man beurteilen, ob möglicherweise Umveredelungen oder zusätzliche Neupflanzungen sinnvoll sind. Welche Schätze verbergen sich in meiner Baumreihe? Bevorzugen Sie robuste und wenig pflegebedürftige Sorten. Auch die Wahl alter, historischer Sorten hat Bedeutung für die Erhaltung des Genreservoirs und allgemein für die Sortenerhaltung.

### Sinn und Zweck von Baumschnittmaßnahmen

Wenn Sie Ihre Bäume fachgerecht schneiden, können Sie Ihren Ertrag sichern oder sogar steigern. Wie Sie beim Schnitt am besten vorgehen, lernen Sie bei Schnittkursen der Obst- und Gartenbauvereine.

### Veredeln von Ertragsbäumen

Das Veredeln von Obstbäumen im Ertragsalter ist ein spannendes Thema und eine gute Möglichkeit, schnell Früchte von den gewünschten Sorten zu bekommen.

### Apfelsaft und Gärmost aus eigener Herstellung

Der erste selbst gemachte Apfelsaft aus eigenen Früchten schmeckt besonders gut. Kinder zapfen sehr gerne selbst aus der Bag-in-Box. Gelingt ein schmackhafter Gärmost, der auch bei Gästen oder als Mitbringsel ankommt, ist das eine wohlverdiente Bestätigung und motiviert dazu, die eigenen Bäume weiter zu pflegen.

*Handpressen eignen sich für die sortenreine Herstellung von Fruchtsäften und zu Demonstrations- und Schulungszwecken.*

### Naturbeobachtung an den Bäumen und auf der Wiese

Das erste Meisenpaar brütet im aufgehängten Nistkasten, ein selbst gepflückter Blumenstrauß zeigt die Vielfalt der Wiese, Honig- und Wildbienen summen in der Luft, die Obstbäume stehen in voller Blüte und Fledermäuse flattern in der Dämmerung zwischen den Bäumen. Beobachten Sie all das und Sie werden merken, dass sich Ihnen kaum eine bessere Entspannung bietet.

Für Ihre Kinder kann die Obstwiese ein Abenteuerspielplatz, aber auch ein „Klassenzimmer im Grünen“ sein. Sie werden kaum bessere Bedingungen finden, um mit dem Nachwuchs die natürlichen Zusammenhänge durch die Jahreszeiten zu beobachten. Oder wissen Sie ganz genau, welche Schritte notwendig sind, um Apfelsaft selbst herzustellen, oder dass man die Früchte nicht nur vom Baum essen, sondern ganz unterschiedlich verwerten kann?

Natürlich bieten unsere Obstwiesen durch die landschaftsprägenden Bäume und das artenreiche Grünland auch eine optische Augenweide. Durch die überwiegend extensive Nutzung des Unterwuchses prägen blütenbunte Wiesen häufig das Bild der Obstwiesen. Blühende Landschaften erfreuen Leib und Seele und bieten eine unschätzbar attraktive Naherholung.

Obstbäume und Wiese binden eine Menge $CO_2$ und produzieren als grüne Lunge frische Luft zum Atmen. Der Nutzen ist auch unmittelbar durch Klima- bzw. Kleinklimaverbesserung sowie Boden- und Grundwasserschutz erklärbar.

Je mehr man sich mit den unterschiedlichen Aspekten der Obstwiese auseinandersetzt und weiterbildet, umso spannender und fesselnder wird dieses Thema. Wenn sich nach und nach Ihre verwilderte Obstwiese wieder in eine wertvolle Kulturlandschaft zurückverwandelt und die Obstbäume so wie Sie es wollten, auf Schnitt-

und Pflegemaßnahmen reagieren, ist das äußerst befriedigend. Wenn neu gepflanzte Obstbäume zum ersten Mal Früchte tragen und man diese stolz genießen kann, dann macht das einfach Spaß. Auch der Austausch eigener Erfahrungen mit Gleichgesinnten bei Seminaren und Fachvorträgen kann sehr motivierend sein.

Der Neuntöter wohnt in Hecken genauso gerne wie auf der Obstwiese.

## Naturschutzfachliche Wertigkeit

Die naturschutzfachliche Wertigkeit hängt maßgeblich damit zusammen, dass sowohl die artenreiche Blumenwiese als auch die Obstbäume selbst mit ihren Blüten, Blättern, Früchten (auch Fallobst) und ihrer Borke einen wertvollen Lebensraum für viele Tiere und Insekten bieten. Die Kombination aus artenreichem Grünland und alten Bäumen ist für viele Arten optimal, die sich als sogenannte Kulturfolger angesiedelt haben. Kulturfolger passen sich ganz speziell an einen Lebensraum an und reagieren empfindlich, wenn bestimmte Voraussetzungen geändert werden.

Unsere Obstwiesen (Obstbäume auf Grünland) weisen, wie Wissenschaftler festgestellt haben, eine deutliche Ähnlichkeit mit „steppenartigen Urlandschaften“, also Bäumen und Grasland auf. Man geht davon aus, dass die Landschaft in Mitteleuropa ohne das Zutun des Menschen nicht überall von einem dichten Waldteppich bedeckt war, sondern aufgrund verschiedener Pflanzenfresser (Wildrinder, Wildpferde, Rothirsche etc.) auch deutliche Offenlandstrukturen aufzuweisen hatte. Für viele Arten, insbesondere Vögel, sind diese halboffenen, „savannenartigen“ Strukturen auch heute noch geradezu ideal.

Die Kulturlandschaft Obstwiese ist durch bestimmte Zugvogelarten wie Mönchsgrasmücke und Neuntöter zudem mit anderen Landschaften ähnlicher Ausprägung ver-

Für den Steinkauz sind alte, dicke Stämme mit passenden Höhlungen wichtig.

Viele Tagfalter, wie hier das „Landkärtchen“ profitieren von blühenden Wiesen.

bunden und damit ein Teil eines internationalen Biotopverbunds. Deutlich südlicher gelegene Landschaften wie z. B. Olivenhaine in Süditalien, beweidete Steineichen- und Korkwälder in Andalusien und Portugal oder sogar Savannen im noch weiter südlich gelegenen Afrika stellen ähnliche Lebensräume dar.

Auf verschiedenen Ebenen findet im Biotop Obstwiese pulsierendes Leben statt. Sämtliche Lebewesen treten dabei miteinander in Verbindung. Diese Wechselbeziehungen sind sehr vielfältig und gehen vom Geben und Nehmen bis hin zum Fressen und Gefressen werden.

Honigbienen, Hummeln und Wildbienen befruchten die Blüten der Obstbäume und bekommen dafür Nektar und Blütenpollen. Die entstehenden Früchte dienen wiederum vielen Organismen als Nahrung.

Auf verschiedenen Ebenen finden wir also verschiedene Organismen, die miteinander in Wechselbeziehungen stehen. Flechten und Moose an den Bäumen sowie Blätter, Blüten und Früchte, die als Lebensraum oder zur Ernährung dienen. Blattläuse saugen an den Blättern und Florfliegenlarven oder Marienkäfer fressen wiederum die Läuse.

Auch das Grünland als Blumenwiese zeigt eine ausgeprägte „Schichtung“ mit verschiedenen Lebensbereichen. Wenn wir heute vom Insektensterben reden, dann gewinnt das artenreiche Grünland als Basis für ein vielfältiges Insektenparadies immer mehr an Bedeutung. Artenreiche Blumenwiesen sind Lebensgrundlage für viele Arten von Kleinstlebewesen, die wiederum als Nahrung für weitere Arten dienen.

Die Blütenschicht bietet vielen blütenbesuchenden Insekten wie Bienen, Wildbienen, Fliegen und Schmetterlingen einen reich gedeckten Tisch und Insektenfresser profitieren davon. In der Blatt- und Stängelschicht tummeln sich Heuschrecken, Käfer, Schmetterlingsraupen, Blattwanzen und Zikaden. Netzspinnen und andere Räuber lauern dort auf Beute. In der Streuschicht krabbeln Asseln, Ameisen, Spinnen und Schnecken. In der Wurzel- oder Bodenschicht findet man Regenwürmer, Larven von Käfern und Schmetterlingen, Ameisen, aber auch Pilze, Algen und Bakterien.

Umso wichtiger ist die Erkenntnis, dass dieser extrem vielfältige Lebensraum als Kulturlandschaft nur erhalten werden kann, wenn das Grünland entsprechend seiner Nutzungsmöglichkeiten auch gepflegt wird. Blumenwiesen bleiben nur dann artenreich, wenn sie regelmäßig, in der Regel zweimal im Jahr, gemäht werden (Heu- und Öhmdschnitt).

Im Baum selbst können Säugetiere, Vögel, Insekten, Spinnentiere aber auch Moose, Flechten, Algen und Pilze leben. Insbesondere Apfelbäume neigen zur Höhlenbildung, mit denen sie durchaus noch mehrere Jahre leben können. In keinem Fall dürfen diese Höhlen mit Beton oder sonstigen Materialien ausgefüllt oder zugenagelt werden, das schadet dem Baum und zerstört wertvolle Lebensräume. Baumhöhlen bieten Nistmöglichkeiten für verschiedene Höhlenbrüter, Totholzstrukturen sind für

## Motivation durch Information

**Nur wenn Sie sich fortlaufend informieren, werden Sie dauerhaft motiviert sein, um Ihre Obstwiese langfristig erfolgreich zu bewirtschaften. Sichern Sie sich deshalb den Zugang zu möglichst vielen Informationsquellen und bleiben Sie mit anderen Bewirtschaftern und Beratern im Kontakt.**

*Bitte nicht sofort entfernen: Abgestorbene dicke Äste oder Stämme sind besonders wertvoll, vor allem wenn sie voll besonnt sind.*

bestimmte Käferarten Lebensraum, der mitunter auch von Wildbienenarten als Nachmieter genutzt wird.

Totholz hat allerdings nur einen naturschutzfachlichen Wert, wenn es wenigsten armdick ist und sonnig steht. Dieses erwünschte Totholz kann aber nur entstehen, wenn ein Obstbaum ein hohes Lebensalter erreicht. Und das geschieht wiederum nur durch Pflanzung und kontinuierliche Pflege der Obstbäume. Nur so erhalten wir letztlich diesen Lebensraum.

In unseren Streuobstbeständen leben mehrere, europaweit geschützte Vogelarten. Hierzu gehört u. a. der Grauspecht als Höhlenbrüter, der sich von Wiesenameisen ernährt. Wendehals und Mittelspecht brauchen ähnliche Lebensbedingungen. Halsbandschnäpper, Rotkopfwürger und Neuntöter profitieren von der reichen Insektenwelt.

Lichte Bestände mit rauborkiger Rinde auf Grünland sind somit geradezu ideal für viele Säugetiere, Vögel, Echsen, Amphibien, Insekten und Spinnentiere. Jeder, der den Lebensraum Obstbaumwiese durch regelmäßige Nutzung und Pflege erhält, leistet einen unschätzbaren Beitrag zum Erhalt bzw. zur künftigen Schaffung eines der wertvollsten Lebensräume in ganz Mitteleuropa. So schließt sich letztlich der Kreis und die Vorgabe „Schützen durch Nützen“ wird selbsterklärend.

*Rennen und toben an der frischen Luft sind toll! Besonders wenn Kinder dabei auch noch mithelfen oder etwas Neues entdecken können.*

## Symbiose

Als Symbiose bezeichnet man das Zusammenleben zweier Lebewesen verschiedener Arten zum beiderseitigen Vorteil. Wichtige, in Obstwiesen vorkommende symbiotische Beziehungen sind z. B. Flechten, Knöllchenbakterien bei Schmetterlingsblütlern, oder die Wechselbeziehungen zwischen Pflanzenwurzeln und bestimmten Bodenpilzen (Mykorrhiza).

## Flechten

Flechten sind eine Lebensgemeinschaft bestehend aus Pilzen und Grünalgen. Die Algen liefern den Zucker als Energiequelle Die Pilze schützen die Algen mit einem dichten Geflecht, das Wasser und darin gelöste Mineralstoffe beisteuert. Flechten sind wichtige Anzeiger für die Luftqualität.
Auf Jungbäumen können sich Flechten weniger gut halten, da sich durch das Dickenwachstum der Zweige ihr Haftgrund ständig verändert. Auf alten oder kümmernden Bäumen hingegen können sich die Flechten besser halten und wachsen, besonders an schattigen Standorten. Es wäre falsch zu sagen, dass Flechten den Baum schädigen, sie zeigen aber ggf. an, dass die Wüchsigkeit des Baumes schwach ist.

## Mykorrhiza

Von großer Bedeutung ist die Wechselbeziehung zwischen Baumwurzel und Pilz. Die Mykorrhiza-Pilze helfen dabei den Wurzeln, Mineralstoffe sowie Wasser aus dem Boden aufzunehmen. Die Pilze erhalten von den Bäumen im Gegenzug Traubenzucker als Energiequelle. Diese Beziehung hat einen großen Einfluss auf die Vitalität der Pflanzen und reagiert auf äußere Einflüsse sehr empfindlich.

# Grundsätzliche Überlegungen

Egal ob Sie eine Obstwiese erben, kaufen oder pachten: Als Neueinsteiger ist es meist schwer zu beurteilen, welchen Schatz man vor sich hat und wie man damit umgehen soll. Das betrifft nicht allein die Obstbäume, sondern auch die Pflege der Wiese. Bei näherer Betrachtung bietet eine Obstwiese erstaunlich viel Nützliches.

## Selbstversorgung mit gesunden Lebensmitteln

Der Wert einer Streuobstwiese erschließt sich oft erst bei genauerem Hinsehen. Während früher vor allem der finanzielle Gewinn durch das Abliefern und Verkaufen von Mostobst im Vordergrund stand und sich auch in barer Münze auszahlte, so kommt heute der Selbstversorgung mit Produkten von der eigenen Obstwiese eine immer größere Bedeutung zu. Neben dem Verzehr von Tafelobst (unverarbeitet gegessene Früchte) gibt es noch viele andere Nutzungsmöglichkeiten. Machen Sie Ihr Obst doch mal als Fruchtsaft, Dörrobst, Marmelade oder Chutney haltbar. Wir möchten diese Punkte nun im Einzelnen beleuchten.

### Tafelobst

Kirschen reifen im Juni und Juli. Die Freude auf die ersten Früchte ist riesengroß. Sie sind im Kühlschrank oder kühlen Keller nur wenige Tage lagerfähig und müssen deshalb rasch gegessen werden. Zwetschgen reifen zwischen Ende Juli und Anfang Oktober, auch sie sind nur ein bis zwei Wochen lagerfähig. Auch hier gilt: rasch essen oder zügig zu Kuchen oder Konfitüre verarbeiten!

Je nach Sorte ist die Reifezeit von Äpfeln und Birnen bereits im Hochsommer erreicht. Das beliebte Sommerobst lässt sich aber meist nur wenige Tage oder Wochen lagern und muss deshalb rasch verbraucht oder verarbeitet werden. Bei den im Herbst reifenden Sorten ist es nicht ganz so eilig. Herbstsorten halten im kühlen Keller immerhin ein bis zwei Monate. Die ab Mitte September reifenden Sorten bezeichnet man als Winter- oder Lagersorten. Oft können sie nicht direkt nach der Ernte verzehrt werden, da sie noch eine Reifephase im Keller benötigen. In dieser Zeit wird übermäßige Säure abgebaut und im Gegenzug dafür der Zuckergehalt und die Aromaausprägung gesteigert.

Bereits bei der Ernte sollten Sie sorgfältig vorgehen. Pflücken Sie die Früchte im optimalen Reifezustand (nicht zu früh und nicht zu spät) von Hand. Geschüttelte und vom Boden aufgelesene Früchte eignen sich nicht als Lagerobst, da sie rasch faulen und verderben. Wählen Sie bevorzugt schön ausgefärbte Früchte, die Sie meist in der Peripherie und an der Spitze des Baumes finden. Dort sind die Früchte auch immer als Erstes reif. Mit einer leicht drehenden und anhebenden Handbewegung wird der Apfel vom Zweig gelöst und vorsichtig in den Pflückkorb gelegt. Auch beim Umfüllen

*Selbst geerntet schmeckt am besten. Kinder verstehen die Zusammenhänge zwischen notwendigem Arbeitseinsatz und hoffentlich guter Ernte viel besser, wenn sie selbst mit anpacken dürfen.*

*Apfelringe am besten mit der Schale trocknen, dann bleiben mehr wertvolle Bestandteile erhalten. Knusprige Apfelchips entstehen, wenn die Ringe sehr lange getrocknet werden.*

in Kisten dürfen die Früchte nur sanft rollen und niemals fallen! Lange Fingernägel hinterlassen oft unbemerkt kleine Beschädigungen, die später faulen.

Die Früchte sollten sich bei der richtigen Reife leicht vom Ast lösen, ansonsten sind sie noch nicht reif genug. Will man Früchte länger lagern, muss einige Tage vor der Vollreife geerntet werden. Nur diejenigen Früchte, die Sie sofort oder in den nächsten Wochen verbrauchen wollen, lassen Sie auch am Baum vollständig ausreifen. Je schneller Sie die Früchte nach der Ernte in ein kühles, dunkles Lager bringen, umso besser. Die ideale Lagertemperatur für Äpfel und Birnen liegt bei 2 bis 4 °C. Diese Temperatur wird in normalen Hauskellern jedoch meist überschritten.

Außerdem sollten Sie die Früchte regelmäßig auf faule Stellen hin durchsehen. Das geht einfacher, wenn sie nur ein- oder zweilagig in mehreren flachen Holzsteigen eingelagert wurden, als in einer großen tiefen Kiste.

Einen Teil der Ernte können Sie auch in geschlossene Folienbeutel abfüllen. Die Früchte atmen und geben dabei Kohlendioxid an die Luft ab bzw. dieses reichert sich im Folienbeutel an und verlangsamt die Atmung und das Reifen der Früchte. Das Obst bleibt somit schön saftig und knackig. Man muss aber mit einer Nadel fünf bis sechs Stiche je Kilogramm Früchte in die Folie stechen, sonst sinkt der Sauerstoffwert Richtung null und die Früchte fangen an zu gären.

Tipp: Lagern Sie Äpfel nicht zusammen mit Kartoffeln oder anderem Obst. Da reifende Äpfel das Reifegas Ethylen verströmen, werden Ihre Kartoffeln sonst rasch zum Auskeimen angeregt. Sie können diese reifefördernde Wirkung des Ethylens aber auch positiv nutzen: Wenn Sie beispielsweise zu grün gekaufte Kiwis oder Bananen haben und diese bald essen wollen, geben Sie diese einfach für ein paar Tage zusammen mit reifen Äpfeln in eine Plastiktüte. Sie werden staunen, wie rasch Ihre Kiwis weich werden.

## Dörrobst

Die Verarbeitung von Äpfeln, Birnen und insbesondere Zwetschgen zu Trockenobst war früher sehr wichtig und verbreitet. Es war eine einfache Methode, das Obst in einer geschmacklich sehr wertvollen Form haltbar zu machen. Da Dörrobst gut lager- und transportierbar war, wurde es auch gerne verkauft und brachte den Obstbauern zwischen 1880 und 1950 einen nicht geringen Verdienst ein. Früher fand die Trocknung vor allem in den Backhäusern statt, die es in jedem Ort gab. Mit der Abwärme, die beim Brotbacken entstand, wurde dem über dem Ofen gelagerten Obst die Feuchtigkeit entzogen. Dadurch wurde einerseits den zu Verderb führenden Pilzen die Lebensgrundlage entzogen und gleichzeitig der prozentuale Zuckergehalt in der Frucht erhöht. Das Ergebnis: hocharomatische Nahrungsmittel, die über Monate ohne weiteren Aufwand gelagert werden konnten.

Die Früchte wurden selten im Ganzen verarbeitet, sondern meist entweder in Scheiben geschnitten, geviertelt oder halbiert. Sie lagen auf sogenannten Hürden. Das waren mit Weidengeflecht bespannte Holzrahmen, welche in vorhandene Gestelle über den Backhausöfen eingeschoben und nach etwa 12 Stunden wieder entnommen wurden.

Heute erfolgt die Trocknung entweder in speziellen mehrlagigen Trockenapparaten mit Temperaturregler, Warmluftgebläse und Zeitabschaltung oder ganz simpel im Backofen, bzw. am Kachelofen. Hierbei wird das Apfelkernhaus ausgestochen und die in gleichmäßig dünne Scheiben geschnittenen ungeschälten Äpfel auf dünne Holzstäbchen aufgereiht. Das geht viel besser als mit Schnüren, da dort die Fruchtscheiben leicht zusammenrutschen, wenn die Schnur durchhängt.

Die Trocknungszeit beträgt (abhängig von der Scheibendicke und der Temperatur) acht bis 24 Stunden. Es lassen sich so äußerst schmackhafte Apfelringe herstellen.

Zwetschgen und Birnen werden halbiert, entsteint, bzw. das Kernhaus entfernt und diese sogenannten „Schnitze“ dann im Ofen bei max. 60 °C getrocknet. Wenn der Ofen keinen Phrasenaustritt an der Oberseite hat, an dem die feuchtwarme Luft entweichen kann, muss man einen Kochlöffel in die Ofentür klemmen, damit diese einen Spalt offen bleibt und die Feuchtigkeit entweicht.

Obwohl die meisten Früchte vermutlich bald aufgegessen sein werden, sollten Sie versuchen einen Wintervorrat anzulegen. Dazu gibt man die Schnitze oder Ringe in einen Stoffbeutel, der an einem trockenen und luftigen Platz aufgehängt wird. Die einfachere und sicherere Methode der weiteren Lagerung ist aber das Einfrieren des Dörrobstes.

## Saftherstellung

Man kann Früchte in hauseigenen Hand-Obstpressen selber auspressen. Dazu muss das Obst aber vorher in einem sogenannten Muser zerkleinert (zerhackt) werden.

In aller Regel wird das Obst aber in eine Mosterei gebracht, wo das Zerkleinern und anschließende Auspressen professionell durchgeführt wird. Es sind dort verschiedene Pressentypen zu finden. Zum einen gibt es die traditionellen Packpressen, bei denen die Obststücke in Stofftücher eingeschlagen und mehrlagig unter hohem Druck ausgepresst werden. Zum anderen gibt es sogenannte Bandpressen, bei welchen das zerkleinerte Obst auf ein oder zwei fortlaufende Siebbäder gegeben wird, welches sich dann über verschiedene Walzenlager bewegt, wobei der Druck ständig erhöht und der Saft dadurch aus den Zeilen herausgepresst wird. Nach dem Pressen wird der Saft gefiltert und steht zur weiteren Verarbeitung bereit.

*Hat man eine ordentliche Menge Obst aufgesammelt, dann stellt sich die Frage, was man mit dem Erntesegen am sinnvollsten macht.*

*Mobile Saftpressen bieten die Möglichkeit, auch kleinere Obstmengen zu Saft zu verarbeiten.*

*Saft aus eigenem, vollreifem Obst schmeckt der ganzen Familie. Die genialen Bag-in-Box-Saftkartons sorgen dafür, dass er lange haltbar und lecker bleibt.*

Wer seinen süßen Saft alkoholfrei lagern und trinken möchte, hat dazu verschiedene Möglichkeiten. Früher gebräuchlich war die Abfüllung in Flaschen. Doch um die Gärung dauerhaft zu verhindern, muss der Saft erst einmal von den Hefesporen befreit werden. Er wird dazu auf mindestens 78 °C erhitzt (pasteurisiert). Erst ab dieser Temperatur ist eine sichere Lagerung möglich. Wird auf mehr als 82 °C erhitzt, werden wertvolle Vitamine und Enzyme zerstört und es kann ein unerwünschter Bratapfelgeschmack eintreten.

Nach dem Befüllen mit einem Trichter muss die Flasche möglichst rasch luftdicht verschlossen werden. Früher kamen dabei Gummikappen zum Einsatz. Heute verwendet man meist weithalsige Flaschen mit luftdichten Schraubdeckeln (Twist-off-Verschlüssen) oder auch normale Saft- bzw. Mineralwasser-Pfandflaschen, die mit einer abdichtenden Kunststoffeinlage im Deckel versehen sind. Beim Abkühlen entsteht in der Flasche ein Vakuum und es wird ein erneuter Kontakt mit Luftsauerstoff und den darin enthaltenen Hefesporen vermieden. Der so gewonnene süße Apfelsaft ist etwa zwei bis drei Jahre lagerfähig. Bei diesem Verfahren bekommt man oft klebrige Finger und manchmal platzt sogar eine der Flaschen beim Befüllen.

Wesentlich einfacher ist deshalb die Lohnabfüllung in Bag-in-Box-Behältnisse. Auf Deutsch müsste dieses innovative Verfahren etwa „Beutel im Karton" heißen. Hierzu bringt man sein Obst zu einer dafür ausgerüsteten Mosterei, die neben einer Obstpresse eine entsprechende Pasteurisierungs- und Abfüllanlage besitzt. Das Obst wird gewaschen, zerkleinert, ausgepresst sowie der Presssaft durch Zentrifuge und Filter von größeren Fruchtstücken befreit. Danach wird er im Durchlaufverfahren pasteurisiert und dann in sterile – für die Heißabfüllung geeignete – Plastikbeutel eingefüllt, welche mit einem tropfsicheren Auslaufhahn verschlossen werden. Dieser Beutel (Bag) kommt danach in einen Karton (Box), welcher möglichst rasch auskühlen sollte und dann der Lagerung dient. Beim Abkühlen entsteht im Beutel ein Vakuum, welches auch nach dem Anzapfen des Hahnes bis zur vollständigen Leerung des Beutels erhalten bleibt.

Ungeöffnet ist der Saft etwa zwei bis drei Jahre haltbar, einmal geöffnet können Sie ihn immer noch etliche Monate bedenkenlos genießen, da durch das Beutelsystem keine Luft an den Saft gelangt. Er schmeckt sehr lecker und behält seinen fruchtigen Geschmack sehr lange.

Seit Einführung dieser Bag-in-Box-Abfüllung erlebt die Eigennutzung des Obstes aus der Streuobstwiese einen gewaltigen Aufschwung, und das gleich aus mehreren Gründen. So ist der Saft wohlbekömmlich und ohne Konservierungsstoffe lange haltbar. Es macht Spaß und auch ein wenig stolz, bei der Herstellung des eigenen Saftes zuzuschauen und genau zu wissen, wo das verwendete Obst herkommt, wie es behandelt wurde und wie reif die verarbeiteten Früchte waren. Kein Wunder, dass von Jahr zu Jahr größere Mengen an Streuobst verarbeitet werden.

Wer möchte, kann auch über den Eigenbedarf hinaus sein Obst zu Saft verarbeiten lassen und die Kartons anschließend im Bekanntenkreis verschenken oder auch verkaufen. Dies ist auf jeden Fall lohnender, als die aufgelesenen Früchte für wenig Geld an Sammelstellen abzuliefern.

Des Weiteren bieten viele Keltereien auch die Möglichkeit des Safttausches. Man liefert Obst ab und kann im Gegenzug fertigen Saft in Flaschen verbilligt kaufen. Logischerweise stammt dieser Saft nicht von den eigenen Früchten, sondern aus dem großen Mischtopf, wobei man nie sicher sein kann, ob die anderen Obstlieferanten eine ebenfalls hohe Qualität eingebracht haben.

### Gärmost

Traditionell wurde ein guter Teil des so gewonnenen Saftes durch alkoholische Gärung zu einem Fruchtwein umgewandelt. In Baden-Württemberg wird dieses Getränk als „Most“ bezeichnet, in Hessen als „Applewoi“ und im Rest Deutschlands als „Apfelwein“. Neuerdings hat sich auch der aus dem Englischen stammende Begriff „Cider“ bei der jüngeren Generation etabliert.

Hergestellt wird dieser Most, indem man in den frischen Saft Reinzucht-Hefe gibt. Die Gärung würde zwar auch durch die vorhandenen wilden Hefesporen starten, welche auf den Fruchtoberflächen natürlicherweise immer vorhanden sind, aber es könnten sich dann eventuell negative Hefestämme durchsetzen. Da man dieses Risiko vermeiden möchte, gibt man lieber geprüfte und hochwertige Hefen beim Start zu. Diese Hefepilze verarbeiten den fruchteigenen Zucker zu Alkohol. Dazu muss das Gärfass luftdicht verschlossen und mit einem Gär-Aufsatz versehen sein. Die alkoholische Gärung läuft am besten bei Temperaturen zwischen 15 und 20 °C ab. Sie ist am blubbernden Geräusch des Gärspundes festzustellen. Hier entweicht das Gas Kohlendioxid.

Bereits nach wenigen Wochen ist der Gärprozess vollständig durchgelaufen. Wenn die Hefe allen Zucker umgewandelt hat, stirbt sie ab und sinkt auf den Boden. Danach wird der noch trübe Most von dem Hefeschlamm am Fassgrund abgenommen. Dazu wird die Flüssigkeit vorsichtig mit einem Schlauch abgesaugt und in ein neues Fass umgefüllt, ohne die abgesetzte Hefe aufzuwirbeln. Da der fertige Most nicht mit Sauerstoff in Berührung kommen sollte, empfiehlt es sich, das fertige Getränk in kleinere Gefäße umzufüllen. Das können kleine Fässer, Glaskolben oder auch Flaschen sein.

Den alten Mosttrinkern konnte der Most gar nicht säuerlich genug sein. Heutzutage legen viele auf ein lieblicheres Getränk Wert. Dazu kann der vergorene Most vor dem Genuss mit etwas süßem Apfelsaft abgerundet und aromatisiert werden oder er wird mit Sprudel (süß oder sauer) zu einem fruchtigen Erfrischungsgetränk, dem „Mostschorle“ gemischt.

### Verwertung in der Küche

Auch in der heimischen Küche kann der Ertrag der eigenen Obstwiese vielfältig verwendet werden: Ein selbst gebackener Apfelkuchen, Birnentorte oder herbstlicher Zwetschgenkuchen mundet köstlich, ein Kirschenauflauf (Kirsch-Michel), Quittengelee oder ein raffiniertes Apfel-Chutney ist höchst schmackhaft. Als altbewährter Klassiker sei nur das Apfelmus erwähnt. Die dazu optimal geeigneten Sorten wie 'Jakob Fischer' oder 'Kardinal Bea' bringen nicht nur die gewünschte süß-säuerliche Aroma-Note mit, sondern zaubern durch die Schalenfarbe auch noch etwas Rot in das leckere Nachtischgericht. Verfeinert mit Zimt, serviert mit karamellisiertem Haferflockenkrokant und dekoriert mit einer Sahnehaube wird aus dem schlichten Apfelmus ein leckeres Dessert, das in vielen Kochbüchern als „Verschleiertes Mädchen“ aufgeführt ist.

Was Sie nun auch immer Kulinarisches aus Ihrem Obst zaubern, sein besonderer Reiz liegt darin, dass Sie alles über Herkunft und Anbau dieses Lebensmittels wissen und dass Sie seine schonende Verarbeitung selbst durchgeführt oder dabei zugeschaut haben. Für umweltbewusste Selbstversorger sind Streuobstwiesen mit ihrem hochwertigen, unbehandelten und gesunden Obst heute fast wieder so wichtig wie für frühere Generationen, denen es in erster Linie um die lebensnotwendige Bereitstellung von Nahrungsmitteln ging.

*Die Obsternte kann mühsam sein, aber sie bringt uns in Bewegung und ersetzt dadurch das Fitnessstudio.*

## Fit durch Bewegung

Sport und Bewegung sind gesund, bauen Stress ab und man fühlt sich danach entspannt und ausgeglichen. Laut einer Studie am Sportwissenschaftlichen Institut an der Universität Tübingen sind Arbeiten in der Obstwiese wie Bäume schneiden, Schnittgut entsorgen, Äpfel auflesen oder Mähen sportliche Aktivitäten und gut für die Gesundheit, da sie die allgemeine körperliche Fitness stärken. Die Bewegung an frischer Luft und die beruhigende Wirkung von Naturbeobachtungen tun Körper und Seele offenbar mehr als gut.

Sowohl von der Dauer als auch von der Intensität der Bewegungen her ist die Arbeit auf Obstwiesen laut Studie als ernstzunehmende sportliche Tätigkeit einzustufen, die

*Die Kisten mit Tafelobst müssen mehrfach hochgehoben umd gestapelt werden. Muskeltraining, das nichts kostet – aber achten Sie auf Ihren Rücken!*

etwa Herz-Kreislauf-Erkrankungen sowie Erkrankungen des Bewegungsapparates vorbeugen kann. Die Wissenschaftler der Universität Tübingen haben auch die verschiedenen typischen Tätigkeiten in den Obstwiesen wie Mähen, Bäume schneiden, Leiter aufstellen und hochklettern, Gras zusammenrechen und Obst pflücken bzw. auflesen quantifiziert und im Hinblick auf den Körpereinsatz und die beanspruchten Muskeln hochgerechnet. Das bemerkenswerte Ergebnis: Die Arbeit auf Obstwiesen enthält alle drei Komponenten modernen Fitnesstrainings aus leistungsphysiologischer Sicht. Dazu gehören aerobe Ausdauer, Entwicklung/Erhaltung von Muskelkraft und Entwicklung/Erhaltung motorischer Fertigkeiten.

Der erstaunliche Schluss: Die regelmäßige Arbeit und Bewegung im eigenen Garten oder auf der Obstwiese kann den Gang ins Fitnessstudio ersetzen.

Fitnessstudio ade – einfach die eigene Obstwiese pflegen! Wer es mit der Bewegung ernst meint, bringt die besten Voraussetzungen mit. Doch sollten Sie sich nicht zu viel vornehmen und ihre körperliche Leistungsfähigkeit realistisch einschätzen. Um Verletzungen vorzubeugen, ist es wichtig, dass Sie sich richtig bewegen und bücken sowie Gewichte mit gestrecktem Rücken anheben.

Regelmäßige Sportgymnastik vermindert die Verletzungsanfälligkeit und auch Kenntnisse in Arbeitssicherheit tragen zur Verletzungsprävention bei. Deshalb sollten Sie das Kapitel Arbeitssicherheit (Seite 106) aufmerksam durchlesen.

Wer Wert auf gesunde Ernährung legt und Nahrungsmittel bewusst auswählt, macht vieles richtig, indem er sein gesundes Obst genießt und einfach die Arbeit des Großvaters und der Großmutter auf der heimischen Obstwiese weiterführt. Für Berufstätige kann die Arbeit mit Rechen, Sense und Schere ein erfüllender Ausgleich zu Bürostress und Leistungsdruck sein.
Als Fitnessoase im Grünen ermöglicht die Obstwiese Rentnern, aktiv und beweglich zu bleiben und Hand in Hand mit den Enkelkindern die heimische Flora und Fauna neu zu entdecken. Gleichwohl tragen alle Altersgruppen zum Erhalt von Natur, Umwelt und Heimat bei. Sie alle zusammen bewahren und fördern die Lebensqualität und die große Artenvielfalt einer vielseitigen Kulturlandschaft. Die Streuobstwiese bringt viele Interessen unter einen Hut. So bilden Sport, Spaß und sinnvolle nachhaltige Tätigkeit eine Einheit.

## Sinnvolle Freizeitbeschäftigung

Eine Freizeitbeschäftigung empfindet als sinnvoll, wer die notwendigen Arbeitsschnitte gerne macht und langfristig dabei Erfolg hat. Durch Probieren bzw. durch Versuch und Irrtum ans Ziel zu kommen ist nicht jedermanns Sache, für viele auch frustrierend. Wer seine Freizeit aktiv und produktiv nutzen will, informiert sich und bildet sich weiter. Mit dem nötigen Wissen und Werkzeug gewappnet befriedigt nichts so sehr wie die Arbeiten auf der eigenen Obstwiese – der Baum ist geschnitten, die Ernte eingefahren, der Jungbaum gepflanzt –, und wenn man dabei noch entspannen kann, umso besser.

Auch ein ehrenamtliches Engagement gibt einem ein gutes Gefühl, wie beispielsweise die Aktion „Landesweite Streuobstpflegetage" des baden-württembergischen Landesverbandes für Obstbau, Garten und Landschaft (LOGL). Bei dieser Pflegeaktion melden die teilnehmenden Obst- und Gartenbauvereine und LOGL – Geprüfte Obst- und Gartenfachwarte® dem LOGL die Anzahl der Streuobstbäume, die im März, dem traditionellen Aktionszeitraum, geschnitten wurden.

Angeregt durch die Pflegearbeiten in der Gruppe kann man über bestimmte Schnittmaßnahmen diskutieren, sie gemeinsam durchführen und selbst dazulernen, wovon wiederum die Arbeit in der eigenen Obstwiese profitiert. So haben die „Streuobstpflegetage" mit ihrem gemeinschaftlich praktizierten Naturschutz, der den Zusammenhalt der ehrenamtlichen Gruppen fördert und die Menschen zum Mitmachen

*Auch wenn natürliche Bruthöhlen im Stamm hoffentlich in großer Zahl vorhandenen sind, freut sich die Vogelwelt über zusätzliche Nistmöglichkeiten.*

motiviert, ebenfalls zum bereits erwähnten Imagewandel beigetragen. Statt lästiger Pflicht wandelten sich die Aktivitäten in der Streuobstwiese zu einer anspruchsvollen, ökologisch wertvollen und sehr entspannenden Freizeitgestaltung.

Obstwiesen sind in unserer oft hektischen Zeit Naturverbundenen zum willkommenen Rückzugsort geworden, ihr wirtschaftlicher Nutzen ist weitgehend in den Hintergrund getreten. Vermutlich werden auch Sie bald das einzigartige Biotop als blühende Oase der Entschleunigung entdecken, die Landlust verbreitet und regionale Biolebensmittel für die ganze Familie liefert. Das frisch geerntete Obst und den Saft von unbehandelten Früchten direkt von der heimischen Obstwiese zu genießen, ist Lebensqualität pur. Ganz nebenbei bilden der hohe Freizeit- und Erholungswert der einmaligen Kulturlandschaft den idealen Ausgleich für Beruf und Büro.

Es ist ein gutes Gefühl, engagiert und verantwortungsvoll mit der Natur umzugehen, nicht nur an sich selbst und jetzt zu denken, sondern auch an die kommenden Generationen.

Wer eine Obstwiese anlegt, erneuert oder erhält, leistet für folgende Ziele wichtige Beiträge:

### Klima

Sowohl gesunde Obstbäume als auch eine intakte Wiese binden das Treibhausgas $Co_2$ und senken so seinen Anteil in der Atmosphäre. Die Transpiration über die Blätter wirkt zudem wie eine Klimaanlage, sie kühlt und befeuchtet die Luft etwa an heißen Sommertagen. Gleichzeitig werden Staub und Schadstoffe aus der Luft gefiltert und der für die Atmung notwendige Sauerstoff abgegeben. Unter ihren schattenspendenden Kronen laden die Bäume zum Picknicken ein.

### Windschutz

Obstbäume eignen sich hervorragend als Windschutz. Durch ihre Großkronigkeit bremsen sie die Windgeschwindigkeit ab, was vor allem bei kalten Nord-/Ostwinden als wohltuend empfunden wird. Auch Tiere und Pflanzen profitieren davon. Ein Obstwiesengürtel um ein Dorf gepflanzt, trägt zur Lebensqualität der Einwohner bei.

### Vermeidung von Bodenerosion und Nährstoffauswaschung

Da Apfelbäume Flachwurzler sind, können die Wurzeln der Bäume insbesondere bei Hanglagen ein Abschwemmen der oberen Bodenschichten minimieren. Außerdem ist der Boden bedeckt bzw. beschattet, was vor Winderosion und Austrocknung schützt. So gesehen leisten Obstwiesen einen wichtigen Beitrag zum Bodenschutz.

### Vielfältiger Lebensraum

Die Obstbäume, wie auch die artenreiche Blumenwiese, bieten einen vielfältigen Lebensraum für etliche Tier- und Pflanzenarten. Besonders wichtig sind sie für viele im Bestand bedrohte Lebewesen. Durch unterschiedliche Obstarten und ein vielfältiges Sortenspektrum tragen sie zu einer wichtigen Sortenerhaltung bei, die auch für die Obstsortenzüchtung von Bedeutung ist.

### Attraktives Orts- und Landschaftsbild

Obstwiesen sind zwar wirtschaftlich und zunehmend ökologisch bedeutend, sie bieten aber vor allem optisch einen herrlichen Anblick. Die Gliederung der Landschaft durch die großkronigen Obstbäume in Verbindung mit der grünbunten Wiese ist einfach ein Hingucker. Die Schönheit der Obstblüte im Frühjahr übertrifft so manch städtische Parkanlage. Selbst im Herbst und Winter besitzt die Obstwiese Form und Struktur. Keine andere Kulturlandschaft spiegelt die Jahreszeiten so eindrucksvoll

*Obstwiesengürtel binden Siedlungen in die Landschaft ein. Zur Blütezeit macht ein Spaziergang Freude.*

wider wie unsere heimischen Obstwiesen, welche die Flächen weithin sichtbar gliedern und modulieren.

## Ein Klassenzimmer im Grünen

Für Kinder und Jugendliche bieten Obstwiesen eine ideale Möglichkeit, auf eigene Faust Naturerfahrungen zu machen und -erlebnisse zu sammeln, mit der Wiese und deren notwendigen Pflege vertraut zu werden. Auch Sie fühlen sich wohl, stehen Sie doch als heutiger Gütlesbesitzer nicht mehr unter dem Druck, die Obstwiese gewinnbringend bewirtschaften zu müssen. So können Sie Ihren Nachwuchs spielend unterrichten, wie aus aufgelesenen Äpfeln Saft hergestellt wird und wie man diesen haltbar machen kann. Auch der Jahreslauf in den Obstwiesen bringt den Kindern die Ökologie von Entstehen, Nutzen und Vergehen näher und eröffnet ihnen Zusammenhänge über den spannenden Lebensraum Obstwiese – den perfekten „Abenteuerspielplatz". Mit einer Obstwiese gelingt es Ihnen auf einmalige Weise, Ihre Kinder für natürliche Lebensprozesse und deren Wesen zu sensibilisieren. Sehr schnell werden Ihre Kinder erkennen, dass Obstwiesen viel mehr sind, als ein paar Obstbäume auf der grünen Wiese.

Sie sind aktiver Umweltschutz, der auch noch Spaß macht und zum Gesamtwohl beiträgt. Grund genug den Nachwuchs für den Erhalt der Obstwiesen zu begeistern!

# Praxis

„Theorie ohne Praxis ist leer, Praxis ohne Theorie ist blind“ (Immanuel Kant). So sollten Sie sich zunächst eingehend mit den verschiedensten und wichtigsten Pflegemaßnahmen für Obstbaum und Wiese beschäftigen. Erst dann können Sie Ihr Lieblingsobst ernten und in den Genuss von Saft und Früchten kommen.

# Beurteilung Baumbestand

Wenn Sie eine Obstwiese bewirtschaften möchten, müssen Sie ein paar wichtige Dinge wissen, um unnötige Fehlschläge vermeiden zu können. Der wichtigste Schritt ist eine erste Bestandsaufnahme der vorliegenden Obstwiese. In welchem Zustand befindet sich diese, was für Arten und Sorten liegen vor und wie ist ihr Pflege-, Alters- und Gesundheitszustand?

## Bestandsaufnahme

Als neuer Besitzer einer Obstwiese sollten Sie als Erstes herausfinden, was für Arten (z. B. Apfel, Kirsche, Birne) und, sofern möglich, auch welche Sorten vorhanden sind. Das Alter der Bäume, der Pflege- und der Gesundheitszustand sind zudem von großer Bedeutung für die weiteren Planungen.

Die Baumarten und deren Alter auf Ihrem Grundstück bestimmen Sie folgendermaßen:

Solange Früchte an den Bäumen hängen, können die einzelnen Obstarten leichter voneinander unterschieden werden. In der fruchtlosen Zeit zwischen Herbst und der nächsten Blüte ist das sehr viel schwerer. Für einen ungeübten Laien ist es kaum möglich, anhand der Blätter, der

*Der 'Rote Boskoop' ist als Tafelapfel noch relativ häufig in den Obstwiesen zu finden. Er eignet sich aber auch zum Backen und zur Saftgwinnung.*

Rindenstruktur, der Wuchsform oder der Knospenstellung beispielsweise Äpfel- von Birnbäumen zu unterscheiden. Suchen Sie sich deshalb am besten einen hilfsbereiten Menschen aus ihrem örtlichen Obst- und Gartenbauverein (OGV), der sich bereit erklärt, mit Ihnen Ihre Obstwiese zu besichtigen. Er wird Ihnen helfen, den Bestand nach Obstarten zu unterteilen.

Apfelbäume haben meist eine relativ runde Kronenform, sie werden etwa 80 bis maximal 100 Jahre alt, die Rinde der älteren Bäume ist leicht rissig und graubraun. Der Stammdurchmesser eines ausgewachsenen Apfelbaumes beträgt etwa 30–60 cm. Auf schlechten Standorten oder bei regelmäßig sehr reich tragenden Sorten kann der Durchmesser aber auch geringer sein. Die Blütenknospen sind eher rundlich.

Bei Birnen ist die Kronenform meist hochoval und entspricht – ähnlich wie beim Apfel – in groben Zügen der Form der Früchte. Da Birnenbäume mit 140 bis 200 Jahren Lebenserwartung wesentlich älter werden als Apfelbäume, ist auch der Stammdurchmesser mit 50–100 cm deutlich größer. Die Rinde ist dunkelgrau und oft würfelförmig aufgerissen. Bei alten Baumveteranen ist sie auch häufig mit Moosen und Flechten bewachsen. Die Knospen sind spitz zulaufend.

Kirschbäume haben meist eine sehr breite ausladende, locker aufgebaute Krone und können in der Regel ein Alter von 60 bis 90 Jahren erreichen. Dann haben auch sie einen beeindruckenden Stammdurchmesser von 40–70 cm. Die Rinde ist in der Jugend braunrot und dabei quergestreift, erst im Alter wird sie rissig und dunkler bis nahezu schwarz.

Zwetschgen haben meist nur einen eher dünnen Stamm von maximal 30 cm Durchmesser. Die dunkelgraue bis fast schwarze Rinde ist feinrissig. Die Lebenserwartung ist mit 50 bis 60 Jahren deutlich geringer als bei den anderen Obstarten.

*Der blaue Wiesenstorchschnabel ist nicht nur hübsch, sondern bei stärkerem Auftreten gleichzeitig Zeigerpflanze für eine gute Nährstoffversorgung.*

Walnussbäume werden knapp 100 Jahre alt und haben einen hellen, grünlich silberfarbenen schimmernden Stamm, der erst im Alter etwas rissig wird.

Wer etwas vom Obstbaumschnitt versteht, wird bei der Baumbeurteilung sehr leicht feststellen, ob der Bestand in den letzten Jahren korrekt, nur leidlich, oder aber mangelhaft bzw. gar nicht geschnitten wurde. Dementsprechend müssen Sie nun aktiv werden und wieder in Richtung eines gut belichteten, vitalen Baumes schneiden.

Andererseits gibt es Fälle, wo jede weitere Aktion nutzlos wäre, etwa wenn Sie einen sehr alten, kranken, schlecht oder gar nicht geschnittenen Baum vorfinden. Da lohnt sich keine aufwendige Sanierung mehr. In diesem Fall ist es besser, den Nachfolger zu pflanzen und den Altbaum nach ein paar Jahren zu roden. Vertiefende Informationen zum Thema Beurteilung der Baumvitalität lesen Sie ab Seite 84.

## Obstarten

Die verschiedenen Obstarten der Streuobstwiesen unterteilt man in Kernobst, Steinobst und Schalenobst. Zum Kernobst zählen Apfel, Birne, Quitte, Speierling und Mispel. Vertreter des Steinobstes sind Pflaumen, Zwetschgen, Mirabellen und Kirschen und im Bereich Schalenobst treffen wir die Walnuss und eher selten die Haselnuss an.

Man unterscheidet grundsätzlich die Begriffe Arten und Sorten. Jede Obstart hat wiederum Sorten, die sich in vielen Eigenschaften unterscheiden. Im landschaftsprägenden Streuobstbau überwiegt der Apfel deutlich, gefolgt von Süßkirsche, Zwetschge, Birne und Walnuss, wobei je nach Region die Verteilung auch unterschiedlicher ausfallen kann. So finden wir zum Beispiel in Bühl bei Rastatt noch heute, bedingt durch den Erfolg der Bühler Zwetschge, verstärkt Zwetschgen und in der Vorbergzone des Schwarzwaldes in Mittel- und Südbaden stehen viele Brennkirschen wie 'Dollenseppler' und 'Benjaminler' und liefern das berühmte Schwarzwälder Kirschwasser. Auch das Ermstal (Kreis Reutlingen) und das Neidlinger Tal (Altkreis Nürtingen) sind seit vielen Jahren klassische Kirschenanbaugebiete. Eine ebenfalls lange Tradition hat der Kirschanbau in den Bundesländern Rheinland-Pfalz, Niedersachsen und Bayern. Die Fränkische Schweiz gilt als eines der größten zusammenhängenden Kirschanbaugebiete in Europa.

*Von zartem Rosa bis zu blendendem Weiß: Obstbäume blühen herrlich. Besonders die Apfelblüte bringt reichlich Farbe ins Spiel.*

Das größte Anbaugebiet Deutschlands für Zwetschgen liegt in der Ortenau. Der Herrenberger Raum im Landkreis Böblingen ist ebenfalls ein traditioneller Zwetschgenanbauschwerpunkt. Viele heute noch vorkommende Obstarten haben sich an ihren Standorten bewährt, wobei die Ausdehnung von Obstwiesen häufig in raueren Klimaregionen erfolgte und somit typisch Wärme liebende Arten wie Mandeln, Mispeln und Quitten eher die Ausnahme sind.

### Kernobst: Apfel

Die Ursprünge des heutigen Kulturapfels liegen in Mittelasien, im Bereich des Altaigebirges. Verschiedene Wildformen aus diesen Regionen bildeten den Grundstock unserer Apfelsorten. Man kann ohne Zweifel davon ausgehen, dass der Apfelbaum der wichtigste Vertreter aller unserer Obstbäume ist. Er ist als Flachwurzler weniger anfällig gegen zeitweilige Staunässe. Ansonsten ist der Apfel in der Standortfrage nicht besonders wählerisch, am besten gedeiht er aber auf frischem, mäßig feuchtem sandigen Lehm. Deshalb trifft man auf Obstwiesen überwiegend Äpfel an, wobei das Verwertungsobst gegenüber dem Tafelobst überwiegt. Der hohe Anteil des Apfels erklärt sich auch aus seiner hauptsächlichen Verarbeitung zu Saft und Gärmost. Als Tafelobst ist er – je nach Sorte – auch im Naturlager lange haltbar und deshalb sehr begehrt.

Die beliebten Sommeräpfel (wie beispielsweise der Klarapfel) lassen sich meist nur wenige Tage oder Wochen lagern und müssen deshalb rasch verbraucht oder verarbeitet werden. Bei den im Herbst reifenden Sorten ist das schon etwas besser. Herbstsorten wie zum Beispiel 'Alkmene' oder 'Geheimrat Dr. Oldenburg' halten im kühlen Keller immerhin schon ein bis zwei Monate. Die ab Mitte September reifenden Sorten werden als Winter- oder Lagersorten bezeichnet. Diese können oftmals noch gar nicht direkt nach der Ernte gegessen werden, da sie noch eine Reifephase im Keller brauchen. In dieser Zeit wird übermäßige Säure abgebaut und im Gegenzug dafür der Zuckergehalt und das Aroma gesteigert. Manche Sorten wie zum Beispiel 'Brettacher' oder der 'Schweizer Glockenapfel' entfalten ihren vollen Wert erst nach Weihnachten.

Weltweit gibt es deutlich über 1000 Apfelsorten, ihre Vielfalt ist immens, wobei im intensiven Erwerbsobstbau mit kleinen Baumformen meist nur noch wenige Marktsorten angebaut werden. Deutlich mehr Sorten finden wir in unseren Obstwiesen.

Wichtig ist, dass man die Befruchtungsverhältnisse beachtet. Alle Apfelsorten sind auf fremde Pollenspender angewiesen. Äpfel auf stark wachsenden Unterlagen und als Sämlinge kommen selbst noch in raueren Klimaregionen vor und ihr naturschutzfachlicher Wert erklärt sich auch aus der Neigung, im Vergleich zu beispielsweise Waldbäumen, bereits relativ früh Höhlen auszubilden. Der Anteil an Höhlenbäumen ist für Höhlenbrüter wie Spechte, Steinkauz aber auch für verschiedene Fledermausarten ein wichtiger Lebensraum.

*Tafelbirnen sind mild und aromatisch, Mostsorten können aber voller Gerbstoffe stecken und deshalb nicht zum Frischverzehr geeignet sein. Erst beim Versaften oder Destillieren zeigen sich ihre „inneren Werte".*

## Kernobst: Birne

Unsere Kultursorten stammen in der Hauptsache von der Holzbirne (*Pyrus pyraster*) und weiteren Wildformen wie Schneebirne (*Pyrus nivalis*) und *Pyrus pyrifolia* ab. Die Hauptverbreitungsgebiete dieser Urahnen der Birnen finden sich in Zentral- und Südeuropa und Kleinasien sowie dem Kaukasus. In der Regel sind Birnen wärmebedürftiger als Äpfel und einige Tafelbirnen gedeihen am besten im Weinbauklima. Auch die Lagerfähigkeit ist im Gegensatz zum Apfel deutlich geringer, was dazu führt, dass in Obstwiesen mit großer Mehrheit nur Mostbirnen vorkommen. Wegen der frühen Blüte ist die Gefahr durch Spätfröste besonders hoch. Die Blüte selbst ist für Bienen weniger attraktiv, als die von anderen Obstarten.

Birnen sind in der Regel Tiefwurzler und bevorzugen tiefgründige Böden, auf hohe Kalkgehalte reagieren sie empfindlich. Wie Äpfel sind sie meist selbstunfruchtbar, und es sind andere Befruchtersorten notwendig. Einige Mostbirnensorten bilden auf stark wachsenden Unterlagen große, landschaftsprägende Bäume und ihre Früchte sind für die Gärmostbereitung, Birnensekt und in der Brennerei sehr gefragt.

## Steinobst: Zwetschge, Pflaume

Wildpflaumen wie Schlehe (*Prunus spinosa*) und Kirschpflaume (*Prunus cerasifera*) spielten bei der Entstehung der Hauspflaume (*Prunus domestica*), auf die unsere heutigen Kulturformen zurückgehen, eine wesentliche Rolle. Erste Kreuzungen stammten ursprünglich aus Vorderasien. Innerhalb von *Prunus domestica* wird zwischen Pflaumen, Zwetschgen, Renekloden und Mirabellen unterschieden. Im Gegensatz zu den eher länglich ausgeformten und blau gefärbten Zwetschgen mit festem Fruchtfleisch sind Pflaumen eher rundlich und haben ein weicheres, wässeriges Fruchtfleisch. Mirabellen sind kleinfruchtiger, rundlich, typisch gelb und wegen ihres Aromas auch in der Brennerei sehr gefragt. Da sich alle Unterarten grundsätzlich untereinander kreuzen können, findet man in Obstwiesen auch Zufallskreuzungen.

Das Befruchtungsverhalten von Pflaumen und Zwetschgen ist sehr uneinheitlich. Es gibt sowohl hochgradig selbstfruchtbare als auch selbstunfruchtbare Sorten. Allerdings sind auch Wildpflaumen wie Schlehe und Kirschpflaume als Befruchter geeignet, die in unserer Kulturlandschaft in Feldheckenformationen relativ häufig vorkommen. Bedingt durch die frühe Blüte ist die Gefahr für Blütenfrost bei Pflaumen und Zwetschen groß. Wichtige Kriterien bei Zwetschgensorten sind gute Steinlöslichkeit und für ihre Wurzelunterlagen eine geringe Ausläuferbildung. Wildpflaumen bilden dagegen durch ihre starken Wurzelausläufer in relativ kurzer Zeit dichte Heckenstrukturen.

*Kirschbäume sind in den meisten Obstwiesen selten zu finden. Die Ernte-Konkurrenz durch Vögel ist groß und ohne Pflanzenschutz ist wurmfreie Ware schwer zu erhalten.*

## Steinobst: Kirsche

In unseren Obstwiesen spielen Sauerkirschen kaum eine Rolle. Süßkirschen haben als Tafel-, Brenn- und Konservenkirschen eine etwas größere Bedeutung, sind aber nur in bestimmten Anbauregionen, z. B. in Mittelbaden, am Schönbuchhang und im Vorland der Schwäbischen Alb (z. B. im Ermstal bei Reutlingen) häufiger zu finden und natürlich in Bayern in der Fränkischen Schweiz. Die Abstammung der Süßkirsche ist auf die Vogelkirsche, welche ursprünglich aus dem Schwarzmeerraum kommt, zurückzuführen. Innerhalb der Süßkirsche unterscheidet man zwischen Herz- und Knorpelkirschen. Knorpelkirschen haben festeres, weniger saftiges Fruchtfleisch und sind überwiegend für den Tafelanbau geeignet. Herzkirschen sind saftiger mit weichem Fruchtfleisch und typische Vertreter der Brennkirschen.

Kirschen sind in der Regel selbstunfruchtbar (Ausnahmen: z. B. 'Stella' und 'Compact Stella') und deshalb auf die Bestäubung mit sortenfremdem Pollen angewiesen. Viele Sorten sind diploid und somit als Pollenspender in Abhängigkeit von der Blütezeit gut geeignet.

Für Staunässe ist die Süßkirsche besonders anfällig.

## Schalenobst: Walnuss

Die Walnuss gehört zu den sogenannten „einhäusigen" Pflanzen, d. h. auf einem Baum befinden sich sowohl weibliche wie männliche Blüten, sie ist in der Regel selbstfruchtbar. Bei manchen Sorten können jedoch Schwierigkeiten auftreten, etwa wenn der männliche Pollen reif ist, bevor die weiblichen Narben empfängnisbereit sind. Dann ist eine weitere, vom Blühzeitpunkt passende Sorte erforderlich, um ausreichende Erträge zu erzielen.

Bei den derzeit auf dem Markt erhältlichen Sorten ist die Befruchtung aber kein Problem. Viele Sorten sind auch ohne Befruchtung in der Lage, vollkernige Früchte auszubilden. Wie bereits mehrere Spätfröste gezeigt haben, sind die jungen Austriebe, Blüten und erste Fruchtansätze sehr frostempfindlich. Es werden tiefgründige, nicht zu schwere Böden bevorzugt, ähnlich wie bei Süßkirschen besteht eine Empfindlichkeit für Staunässeböden. Bedingt durch das verstärkte Auftreten von Marssonina-Blattflecken und Bakterienbrand sind sehr regenreiche Regionen weniger geeignet, ansonsten gilt, dass in kühleren Klimabereichen nur Frühsorten angepflanzt werden sollten. Unveredelte Walnüsse bilden große, landschaftsprägende Kronen aus und sind in der Nähe von landwirtschaftlichen Gehöften ein beliebter Hausbaum.

*Einen gewissen „Ernteverlust" muss man bei der Walnuss tolerieren. Das Eichhörnchen ist mit großem Eifer beim Nüsse sammeln. Ihm gönnen wir den Genuss, ärgern uns aber über zweibeinige Miternter, die ungefragt Früchte auflesen.*

## Sortenbestimmung

Nicht zuletzt auf Initiative des Landesverbandes für Obstbau, Garten und Landschaft Baden-Württemberg e. V. (LOGL) und seiner Arbeitsgruppe Streuobst besteht in Baden-Württemberg eine Sortenerhaltungszentrale. Diese ist am Kompetenzzentrum Obstbau-Bodensee (KOB) in Bavendorf angesiedelt – seit Oktober 2006 als Dauereinrichtung. Das baden-württembergische Ministerium für Ernährung und Ländlichen Raum hat dafür entsprechende Finanzmittel zur Verfügung gestellt. Die Sortenerhaltungszentrale unterstützt Obstwiesenbewirtschafter, in Zusammenarbeit mit den Obstbauberatungsstellen an den Landkreisen, bei der Obstsortenbestimmung.

Eine wichtige Aufgabe des KOB ist auch die Beurteilung der Fruchteigenschaften im Hinblick auf verschiedene Verwertungsmöglichkeiten.

Die vorhandenen Obstarten und nach Möglichkeit auch die einzelnen Sorten müssen bestimmt werden, wenn der neue Obstwiesenbesitzer keine Unterlagen bzw. Pflanzpläne vorfindet und er selbst die bestehenden Sorten nicht eindeutig zuordnen kann. Häufig leben auch die Vorbesitzer, die die Sorten noch kannten, nicht mehr und haben oft auch versäumt, entsprechende Listen zu verfassen.

Für die Bestimmung der Obstarten genügt oft schon der Rundgang mit einem Mitglied des nächstgelegenen Obst- und Gartenbauvereines (OGV). Anhand von typi-

*Hat man eigene Früchte geerntet, dann will man auch möglichst genau wissen, um welche Sorten es sich handelt.*

*Auf Obstsortenausstellungen kann man seine eigenen Früchte mit den ausgestellten und beschrifteten Exemplaren vergleichen. Gleichzeitig zeigen diese Ausstellungen eindrucksvoll, welche Sortenvielfalt in unseren Obstwiesen steckt.*

schen Merkmalen wie der Rindenstruktur, Baumformen, Knospenform und -stellung, Blatt- und Blütenaussehen lassen sich Äpfel, Kirsche, Birne und Co durch Praxiserfahrene recht einfach auseinanderhalten. Ein Rundgang im Sommer ist einem Besuch in der blattlosen Winterzeit aber vorzuziehen.

Für die Sortenbestimmungen brauchen Sie einen Obstsortenkundler, einen sogenannten Pomologen. Diese sind allerdings relativ dünn gesät. Am besten wenden Sie sich zur Weitervermittlung an örtliche Obst- und Gartenbauvereine und, falls vorhanden, an die Obstbauberatungsstellen an den Landratsämtern oder gleich an Pomologenvereine in Ihrer Nähe.

Hilfreich ist auch der Besuch verschiedener Obstsortenausstellungen im Herbst. Bei diesen Schauen werden oft Sortenbestimmungen angeboten und Sie haben die Möglichkeit, eigene Früchte mitzubringen und sie mit den ausgestellten vergleichen zu können.

Die Früchte können anhand ihrer Größe, Form und Ausfärbung, Kernhaus, Stiel- und Kelchgrube und letztlich anhand ihres Geschmacks bestimmt werden. Eigenschaften wie Blütezeit, Fruchtreife und Baummerkmale wie Kronenform und Wuchsstärke werden ebenfalls berücksichtigt. In unseren Obstwiesen gibt es im Vergleich zum Erwerbsobstbau immer noch eine große Sortenvielfalt. Probleme bei der Sortenbestimmung bereiten oft sogenannte Verwechslersorten, die einander äußerlich sehr ähnlich sind. Auch beeinflusst der Standort, die Baumvitalität und die Belichtung in der Krone die Fruchtgröße und die Ausfärbung.

# Neupflanzungen

Nach der durchgeführten Bestandsaufnahme in der Obstwiese wissen Sie, welche Bäume Sie dauerhaft erhalten wollen, welche alters- und krankheitshalber in den nächsten Jahren ausgetauscht werden müssen. Auch welche Bäume Sie aufgrund eines unbefriedigenden Sortenbestands auswechseln wollen und/oder eventuell umveredeln möchten.

## Jung- neben Altbaum

Bevor Sie vorschnell alte Bäume herausreißen, gilt es ökologische Aspekte zu berücksichtigen und an das Landschaftsbild zu denken. Ein alter, knorriger, ausgehöhlter Baumveteran ist für den Artenschutz sehr wertvoll und eigentlich nicht ersetzbar. Es empfiehlt sich daher, für ein intaktes Ökosystem wertvolle Bäume stehen zu lassen. Sollten Sie nicht genügend alternativen Standraum haben, können Sie den jungen Nachfolger auch relativ dicht an den alten Stamm heran setzen. Lassen Sie Letzteren aber noch einige Jahre als Nahrungs- und Brutraumangebot für verschiedene Tiere stehen. Wenn der gepflanzte Jungbaum allmählich größer wird, können Sie den

*Im Idealfall stehen neben alten Veteranen und vitalen Ertragsbäumen auch ordentlich gepflegte Jungbäume auf derselben Wiese. So kann die nächste Baumgeneration frühzeitig heranwachsen.*

nicht mehr benötigten Altbaum entweder auf einmal oder nach und nach entfernen. So haben Sie zweierlei bewirkt: einen für die Natur wertvollen Stamm möglichst lange erhalten und gleichzeitig für einen adäquaten Ersatz gesorgt.

Große markante Altbäume prägen weithin sichtbar das Landschaftsbild. Nicht nur während der herrlichen Blütezeit, sondern auch den ganzen Sommer über bringen Sie mit wenigen Punkten Struktur in eine offene Landschaft und wirken dabei wie zufällig verstreut. Im Herbst erfreuen Baumriesen wie die uralten, mächtigen Mostbirnenbäume, die weit über den sonstigen Bestand hinausragen, mit ihrer auffallend leuchtenden Blattfärbung den Betrachter. Es wäre jammerschade, wenn solch ein majestätischer Baum gefällt werden würde, nur um einem kleinen und verhältnismäßig unscheinbaren Nachfolger Platz zu machen. Überlegen Sie deshalb gut, welche Bäume Sie stehen lassen könnten.

Bevor es mit der Pflanzung losgeht, erfahren Sie alles über den idealen Standort.

*Unsere Obstbäume sind ganzjährig dem Klima ausgesetzt und müssen deshalb robust genug sein, um unterschiedliche Wetterereignisse wie Frost, Sturm oder Hitze auszuhalten.*

## Klima und Kleinklima

Damit ein Baum gedeihen kann, muss er an das am Standort herrschende Klima angepasst sein. Als Klima bezeichnet man das langjährige Einwirken der verschiedenen, hier üblichen Wetterverhältnisse. Es wird geprägt durch die Temperatur (darunter fallen die üblichen Maximal- und Minimalwerte), die Regenhäufigkeit und die dabei zustande kommenden Niederschlagsmengen sowie die Luftfeuchtigkeit und die vorherrschenden Winde.

In Deutschland sind die Lagen von den Niederungen bis etwa 600 Meter über dem Meeresspiegel (NN) grundsätzlich für den (Streu-)Obstanbau geeignet. In Regionen zwischen 700 und 800 Meter über NN können nur noch Brennkirschen, gepflanzt werden. Die meisten Birnen und Zwetschgen sind ungeeignet und auch beim Apfel können nur noch sehr robuste Sorten mit einer kurzen Zeitspanne zwischen Blüte und Ernte gewählt werden. Es kann dort nur in optimal besonnten Lagen Tafelobst erzeugt werden, da der natürliche Säuregehalt der Früchte sonst zu hoch wird. Für die Saft- und Mostgewinnung sind diese Lagen sortenabhängig jedoch noch tauglich.

Sehr warme und sonnige Tieflagen (0–200 M.ü.NN) lassen zwar die Früchte sehr rasch und mit reichlich Süße heranreifen, in manchen Jahren kann aber ein Mangel an Säure und Aroma auftreten. Die Früchte werden zwar schön groß und es können auch empfindliche oder späte Sorten angebaut werden, doch lässt der Geschmack je nach Sorte zu wünschen übrig. Die optimalen Klimabedingungen findet man deshalb in dem Bereich zwischen 200 und ungefähr 600 Metern über NN.

Da die Obstwiese eine Mischung aus Wald- und Offenland darstellt, gibt es

anpassungsfähig und Zwetschgen kommen auch noch mit mageren Standorten zurecht.

Das früh blühende Steinobst darf nicht in Senken und engen Tälern gepflanzt werden, da sich hier während der Blütezeit häufig sogenannte „Kaltluftseen“ bilden. Diese entstehen durch das Zusammenfließen von Kaltluft, die sich über Acker- und Wiesenflächen gebildet hat. Sie fließt bodennah ab und füllt oft ganze Täler meterhoch auf, wenn sie zum Beispiel durch Hecken, Wälder oder querstehende Gebäude am weiteren Abfließen gehindert wird. Solche Kaltluftseen sind häufig 5 bis 8 °C kälter als die umgebenden Hangflächen. Sie eignen sich aus diesem Grund nicht für Kirschen- und Zwetschgenbäume, da dort regelmäßig Ausfälle durch Blütenfrost zu befürchten wären.

Frühere Generationen haben das Pflanzproblem in Talauen bereits erkannt, woraufhin sie den Obstbau auf die Hangflächen und Hochlagen verlegten. Man kann dies heute noch häufig an alten zusammenhängenden Streuobstbeständen beobachten: Die Talauen sind von der Bepflanzung ausgenommen, die Hänge dagegen üppig bewachsen. Besonders deutlich ist dies beispielsweise an den Hängen des Albtraufes, des Schönbuchhanges und an den Schwarzwaldtälern in Richtung Rheingraben zu erkennen.

innerhalb dieser Wiese kleinklimatische Unterschiede. So können zum Beispiel die freien Wiesenflächen gut besonnt und dadurch trocken-heiß sein, während es unter der Baumkrone schattig und feucht bleibt. Auch im Winter werden die kleinklimatischen Unterschiede sichtbar. Während beispielsweise die Freiflächen von Schnee bedeckt sind, ist die Baumscheibe darunter überwiegend schneefrei. Gerade die kleinklimatischen Besonderheiten mit ihren ganz unterschiedlichen Vegetationstypen machen Obstwiesen besonders reizvoll und für viele Tier- und Pflanzenarten attraktiv. So tragen Sie als Gütlesbesitzer ganz nebenbei zur Biodiversität bei.

## Bodenverhältnisse und Nährstoffversorgung

Als Nächstes sollten Sie die Bodenverhältnisse Ihrer Wiese beurteilen. Der Boden kann von steinig-trocken über tiefgründig-frisch bis hin zu feucht oder sogar staunass variieren. Dies hat natürlich einen großen Einfluss auf Ihre Arten- und Sortenwahl. Kirschen beispielsweise mögen keine Staunässe im Untergrund. Birnen lieben warme, tiefgründige Böden, Äpfel sind sehr weit

### Nährstoffversorgung und Düngung

Je nach Bodenverhältnissen ist auch das Nährstoffangebot für die Versorgung des Baumes entsprechend. Die chemisch-physikalischen Standortfaktoren sind für Laien aber nicht einfach festzustellen. Am besten Sie befragen einen ortsansässigen Landwirt oder noch besser den Grundstücksnachbarn über die hier anzutreffenden Bodenverhältnisse. Oft reicht auch bereits eine Spatenprobe. Dabei sehen Sie, ob der Boden sandig, lehmig, steinig, flach-

oder tiefgründig ist. Mit der anschließenden Fingerprobe können Sie den Anteil an Sand, Lehm und Ton bestimmen. Dies ist bei der Pflanzung wichtig, denn Sie können beispielsweise nährstoffarme, magere Standorte durch die Beigabe von guter Gartenerde oder Pflanzhumus aufwerten. Wertvolle Hinweise geben auch sogenannte Zeigerpflanzen, die bestimmte Standortfaktoren anzeigen. Infos hierzu finden Sie zudem im Kapitel Wiesenpflege (Seite 70).

Zu nasse tonige Stellen verbessert man durch das Beimischen von reichlich Sand. Bei etwas staunassen Böden kann sogar der Einbau einer Drainageschicht sinnvoll sein. Allerdings sollten Sie überlegen, ob Sie eine solch aufwendige Maßnahme überhaupt ergreifen wollen.

Am einfachsten hat es natürlich, wer einen brauchbaren, mittleren Boden vorfindet, der nur gelockert und von etwaigen Steinen befreit werden muss.

Eine ausreichende Nährstoffversorgung ist sowohl für junge wie auch ältere Obstbäume eine Grundvoraussetzung für ausgewogenes Wachstum, Vitalität und gute Fruchtbarkeit.

Eine Überversorgung mit Nährstoffen sollten Sie aber im Hinblick auf Baumgesundheit und Ökologie vermeiden.

Um zu wissen, wie der Nährstoffgehalt im Boden ist, ziehen Sie mit dem Spaten oder einem Bohrstock eine Bodenprobe. Diese wird an ein Bodenlabor (Adressen finden Sie im Internet) geschickt und analysiert. Die Analyse kostet rund 20 €, und Sie erhalten den aktuellen Nährstoffgehalt an Phosphor, Kalium, Magnesium und den pH-Wert (Kalkgehalt) sowie eine evtl. Düngeempfehlung.

Stickstoff als ein Hauptnährstoff ist wichtig für das Trieb- und Fruchtwachstum. Doch kann der Stickstoffbedarf über eine Bodenuntersuchung nur schwer ermittelt werden. Sie können ihn aber durch eine laufende Beobachtung des Triebzuwachses, der Blattgröße und Blattfarbe sowie des Unterwuchses einschätzen. Wenig Zuwachs, kleine, gelbliche Blätter und Magerkeitszeiger in der Wiese wie z. B. Margeriten deuten auf eine schlechte Stickstoffversorgung hin. Auch die Wüchsigkeit und Zusammensetzung der Wiese liefert hierzu wertvolle Hinweise.

*Mithilfe eines Spatens lässt sich ein Bodenprofil bis etwa 30 cm Tiefe ausstechen. Damit lässt sich die Qualität des Standortes beurteilen.*

*Um eine verlässliche Analyse durchführen zu können, werden auf der Obstwiese mehrere Proben genommen. Diese werden gemischt und etwa 500 Gramm Erde zur Untersuchung ins Bodenlabor geschickt.*

Nur wenn ein Obstbaum in den ersten Jahren nach der Pflanzung genügend Zuwachs hat, wird er sich zu einem vitalen und langlebigen Gehölz entwickeln. Gutes Baumwachstum setzt voraus, dass Wasser und Nährstoffe in ausreichender Menge zur Verfügung stehen.

Um die Nährstoffkonkurrenz durch den Unterwuchs in Grenzen zu halten, sollte die ersten acht bis zehn Jahre lang eine Baumscheibe offen gehalten werden. Dies kann entweder durch mehrmaliges Hacken oder durch das Abdecken (Mulchen) der Fläche um den Stamm mit organischem Material erfolgen.

Im Sommer empfiehlt sich das Bedecken der Baumscheibe mit Grasmulch, mit verrottetem Stallmist oder großblättrigen Pflanzen wie Kapuzinerkresse. Auch gut verrotteter Holzhäcksel ist geeignet. Diese Mulchschicht darf nicht direkt bis an den Stamm heranreichen, um Mäusen keine Deckung vor Fressfeinden zu bieten. Geschützt unter einer Mulchschicht ringeln insbesondere Feldmäuse regelrecht den Stamm des Jungbaumes.

Ganz wichtig ist das Wässern der Jungbäume während längerer Trockenperioden. Da die Pflanze die Nährstoffe zum größten Teil nur in Wasser gelöst aufnehmen kann, fehlen ihr bei Wassermangel wichtige Nährstoffe.

Der Nährstoffbedarf des Obstbaumes erhöht sich sowohl mit zunehmendem Alter als auch mit steigenden Fruchterträgen. Bodenuntersuchungen haben gezeigt, dass sehr viele Obstwiesen durch jahrzehntelang vernachlässigte Düngung teilweise stark verarmt sind.

Bäume benötigen die Nährstoffe zur Bildung von Früchten, Trieben und Blättern. Wird die Fläche unter dem Baum gemulcht, verbleiben die Nährstoffe weitgehend im „Nährstoffkreislauf“ der Fläche. Wird dagegen regelmäßig gemäht und die Mahd abgefahren, muss diese „Nährstoffabfuhr“ durch ausreichende Düngung ausgeglichen werden. Da Sie vermutlich eine artenreiche Wiese erhalten wollen, beschränken Sie die Düngung auf den Kronenbereich der Bäume. In einem breiten Ring um den Stamm herum befinden sich die meisten Feinwurzeln, die Nährstoffe aufnehmen können. Am Stamm direkt sind kaum welche zu finden. Deshalb düngen Sie die gesamte Fläche, die von der Krone bedeckt wird, lassen aber am Stamm einen Abstand von etwa 1 m ungedüngt.

Die Düngung muss so rechtzeitig erfolgen, dass die Nährstoffe dem Baum zur Obstbaumblüte und in den darauffolgenden vier bis sechs Wochen zur Verfügung stehen. Je nach Löslichkeit des Düngers muss also zwischen Februar und Mitte April gedüngt werden.

Wird zu früh gedüngt, werden die Nährstoffe in tiefere Bodenschichten ausgewaschen. Zu spät ausgebrachte Dünger stören den Triebabschluss und werden vom Baum nicht mehr benötigt. Wird eine Obstwiese neu angelegt, empfiehlt es sich zur Bodenverbesserung vor der Pflanzung eine Gründüngung einzusäen. Für Obstbäume gut geeignet ist z. B. *Phacelia*, die den Boden tiefgründig durchwurzelt. Wird der Aufwuchs in den Boden eingearbeitet, verbessert sich dadurch auch die Bodenstruktur.

Auch durch Veredelung lässt sich ein schlechter Standort kompensieren. Indem Sie eine geeignete Unterlagen-Sorten-Kombination wählen, können Sie gezielt auf den Standort Ihrer Bäume eingehen. Im nächsten Kapitel erfahren Sie alles Wissenswerte und Wichtige über Unterlagen.

## Unterlagen und Sorten

In der Regel sind alle Obstbäume veredelt, d. h. sie stehen nicht auf ihrer eigenen Wurzel, sondern wurden entweder auf eine andere Wurzel oder einen anderen jungen Baum – die sogenannte „Unterlage" – veredelt. Dadurch kräftigt man das Wurzelwachstum, verbessert die Standfestigkeit und kann einen schlechten Standort ausgleichen. Die letztendliche Größe eines Baumes (Wuchskraft, Endhöhe, Kronenumfang) wird durch die Stärke der gewählten Unterlage bestimmt. Die darauf veredelte Sorte ist verantwortlich für Fruchteigenschaften wie Aromaausprägung, Fruchtfarbe und Lagerfähigkeit und vieles andere mehr. So bilden Unterlage und Sorte zusammen den Baum. Sie sind miteinander verbunden und beeinflussen sich gegenseitig.

### Unterlagen

Die meisten Obstarten vermehren sich über Samen (generative Vermehrung) nicht sortenecht. Deshalb ist eine vegetative Vermehrung (über Pflanzenteile) notwendig. Dies geschieht durch Veredelung auf geeignete Unterlagen. Dabei ist der unterschiedliche Einfluss wichtig, den die Unterlage auf den jeweils veredelten Pfropfpartner ausübt. Die Wuchsstärke, aber auch der Reifeverlauf und die Fruchtqualität werden beeinflusst. Die ungefähre Baumgröße kann durch die Unterlagenwahl mitbestimmt werden. Durch jahrzehntelange Züchtung und Auslese wurden viele verschiedene Unterlagen gefunden, die enormen Einfluss auf das Wachstum und die zu erwartende Endgröße des Baumes haben.

Im Erwerbsobstbau und im Hausgarten werden beim Apfel zur Arbeitserleichterung und aus Platzmangel nur sehr schwach wachsende Unterlagen wie z. B. M9 verwendet. So wachsen die Bäumchen nur bis zu einer Endhöhe von 2–3 m heran.

*Oft sieht man auch bei alten Bäumen noch deutlich die Veredelungsstelle. Meist ist sie aber knapp über dem Boden und dort nicht leicht zu finden.*

Für die Obstwiese kommen aber nur stärker wachsende Unterlagen infrage, da nur so ein großkroniger Baum heranwachsen kann. Schließlich muss man unter dem Baum noch mähen können und er soll im Alter in seinem kräftigen Stamm so manche Bruthöhle beherbergen können. Für Hochstammbäume verwendet man meistens sogenannte Sämlinge oder die nur wenig schwächeren vegetativen Unterlagen M25 oder A2.

Die so bezeichneten Sämlingsunterlagen werden aus Saatgut gezogen. Über Samen gewonnene Wurzeln sind sehr stark wachsend und reichlich verzweigt und garantieren eine gute Standfestigkeit. Was den Standort betrifft, sind sie anspruchslos. Durch einen starken Jahreszuwachs vor allem in der Jugend entsteht ein großer stattlicher Baum, der jedoch länger braucht, bis er Früchte trägt. Sämlingsunterlagen nimmt man aufgrund ihrer Wuchsstärke nur bei Halb- und Hochstammbäumen in Obstwiesen.

Der gängige Abstand von Baum zu Baum beträgt 10–12 m, der von Reihe zu Reihe 12–14 m. Die Abstände innerhalb der Reihe bemisst man so, dass die Bäume sich nicht berühren, auch wenn sie vollständig ausgewachsen sind. Von Reihe zu Reihe muss der Abstand aber deutlich größer sein, da man ja auch noch die Befahrbarkeit mit Auto und Anhänger berücksichtigen muss. Für den Artenreichtum einer Obstwiese ist es ohnehin besser, wenn nicht zu dicht gepflanzt wird und die Sonne auf eine größere Freifläche scheinen kann.

Die heute im großkronigen Bereich ebenfalls verwendeten vegetativen Unterlagen A2 und M25 sind stark wachsende Auslesen bzw. Selektionen, die einen etwas früheren Ertragsbeginn als Sämlinge zeigen. Sie sind sehr frosthart und vor allem M25 ist windstabil und standfest. Ihre Wuchsstärke ist allerdings etwas schwächer als bei Sämlingen. Daher ergibt sich in diesem Fall ein etwas geringerer Pflanzabstand von 8 × 10 m.

*'Kardinal Bea' ist eine vielseitige Tafel- und Wirtschaftssorte.*

*Der 'Geheimrat Dr. Oldenburg' ist ein toller Herbstapfel: knackig, aromatisch und ertragssicher, aber leider nur begrenzt lagerfähig.*

Mittelstark wachsende Typenunterlagen: Bei Halbstammerziehung nimmt man ebenfalls Sämlinge, es kommen aber auch die etwas schwächeren Unterlagen MM111, M7 oder M4 zum Einsatz. Hier empfiehlt sich ein Standraum von 6×8 m. Halbstämme sind durch ihre geringere Höhe wesentlich einfacher zu pflegen und zu ernten, sie tragen größere und vor allem früher Früchte als Hochstämme. Die Grünfläche zwischen den Bäumen lässt sich (fast) mühelos ohne Schlepper mähen.

Bei Birnen werden in der Obstwiese fast ausschließlich Sämlingsunterlagen verwendet – in aller Regel Kirchensaller Mostbirne. Der Standraum beträgt 12×14 m.

Bei Zwetschgen haben sich die neuen Unterlagen Wavit und Waxwa bewährt, Sie sind wüchsig, ertragreich und machen keine störenden Wurzelausläufer. Ein Standraum von 4–5×8 m bietet sich an.

Zur Erziehung prächtiger und bis zu 15 m hoher Kirschbäume wurde früher die Sämlingsunterlage *Prunus avium*, auch Vogelkirsche genannt, verwendet, oder als virusfreie Variante die genauso starke Auslese F12/1 gewählt. Die Pflanzabstände betrugen 12×12 m.

Da leider bei der Kirschernte sehr häufig schwere Unfälle passieren und diese Giganten auch nicht mehr mit einem Netz vor Vogelfraß geschützt werden können, wird heute auch in der Obstwiese für eine frühe Ernte die mittelstarke Unterlage GiSelA 5 empfohlen. Diese bildet ertragreiche und ausreichend standfeste Bäume, die maximal 4–5 m hoch werden und bei Pyramidenkronenerziehung einen Standraum von 4×8 m haben sollten.

## Sorten

Bevor Sie sich für eine Sorte entscheiden, sollten Sie klären, ob Sie Tafelobst ernten oder die Früchte für Saft, Dörrobst, oder die Brennerei verwenden wollen. Durch die Wahl von alten und bewährten Sorten leis-

*In alten Obstwiesen findet man noch Raritäten, wie diese „Knausbirne“.*

*Bereits im frühen Herbst reift die Palmischbirne. Große Bäume liefern den Rohstoff für einen vorzüglichen Birnenbrand!*

ten Sie mit Ihrer Wiese einen wichtigen Beitrag zur Erhaltung des „Genpools Streuobstwiese". Gerade die alten Sorten sind heute meist nicht mehr im Laden zu kaufen und bieten eine große Vielfalt im Geschmack. Viele werden allerdings rasch weich und nicht alle sind zwangsläufig robust. Einige zeigen sich anfällig für Krankheiten und Schädlinge.

Neuere Sorten kommen den aktuellen Geschmacks- und Festigkeitsansprüchen entgegen. Es gibt Sorten, die ganz ohne Pflanzenschutzmittel auskommen und widerstandsfähig gegenüber Krankheiten und Schädlinge sind. Am besten ist eine Mischung aus altbewährten und neuen, vielversprechenden Sorten. Lassen Sie sich durch die entsprechenden Stellen der Landratsämter oder Ministerien beraten. Meist sind dort Listen mit geeigneten Sorten erhältlich, welche sich im jeweiligen Landkreis bewährt haben. Auch Obst- und Gartenbauvereine geben gerne Auskunft.

Kaufen Sie die Bäume nicht im Supermarkt oder in der Gartenabteilung eines Baumarktes. Dort wissen Sie nicht, welche Unterlage verwendet wurde, in welchem Klima die Jungbäume aufgewachsen sind, und Sie werden dort auch nicht beraten. Am sichersten erstehen Sie Bäume dort, wo Sie fachmännisch und zuverlässig über die Sorten-Unterlagen-Kombination informiert werden. Am ehesten ist das in lokalen Baumschulen der Fall, welche optimalerweise auch noch den Großteil der Bäume selbst produzieren oder innerhalb der Region von Kollegen beziehen. Die Pflanzen sind dann bereits an unser Klima gewöhnt und die Transportwege kurz.

Eine Liste für Standardsorten und weniger verbreitete erhaltenswerte Lokalsorten finden Sie im Anhang (Seite 137).

## Baumpflanzung

Bevor Sie mit dem Pflanzen beginnen können, müssen Sie möglicherweise zunächst den Vorgängerbaum beseitigen. Ist Ihre Wiese groß genug, kann es ökologisch sinnvoll sein, einen Altbaum stehen zu lassen und daneben einen Jungbaum zu pflanzen.

### Rodung Altbaum

Wenn Sie sich für den Ersatz eines alten Baumes entschieden haben, muss dieser fachgerecht gefällt werden. Da eine Fällung nicht gerade ungefährlich ist, sollte sie nur von Personen mit entsprechenden Kenntnissen und einem Motorsägen-Führerschein 2 (mit Fällerlaubnis) vorgenommen werden. Es muss auch die persönliche Schutzausrüstung wie Helm (mit Gehörschutz), Schnittschutzhose, Sicherheitsschuhe und Handschuhe getragen werden.

Zuerst werden mit einem Hochentaster oder einer Stangensäge die Starkäste abgesägt und dann der Stamm am Stück gefällt. Um die gewünschte Fällrichtung festzulegen, sägt man knapp über dem Boden einen Fällkerb in den Stamm. Danach wird ein paar Zentimeter darüber und von der Gegenseite her der Fällschnitt durchgeführt.

Pilzfreies Stammholz ist zu schade, um es zu Brennholz zu verarbeiten. Fragen Sie bei einem Sägewerk oder beim örtlichen Förster nach abnehmenden Holzhändlern. Letztere bezahlen für schöne gerade und dicke Stämme oft größere Summen.

### Behandlung Wurzelstock

Früher war es üblich, den kompletten Wurzelstock des gefällten Altbaumes mühevoll auszugraben und zu beseitigen, um Nachbauprobleme zu verhindern und dem nachgepflanzten Baum einen besseren Start ermöglichen zu können. Was hatte es mit dieser etwas übertriebenen Angst vor Nachbauproblemen auf sich?

Bei Rosengewächsen (und dazu gehören mit Ausnahme der Walnuss alle unsere Haupt-Baumobstarten) bleibt nach dem endgültigen Aus der Pflanze im Bereich der Wurzelspitzen ein Botenstoff im Boden zurück, der andere Rosengewächse derselben Art etwas im Wachstum hemmt. D. h. konkret, dass ein Apfel, der nach einem Apfel gepflanzt wird, um etwa 10 % schwächer wächst als auf jungfräulichem Boden. So tragisch ist das aber auch wieder nicht, denn sonst gäbe es schon längst keine Streuobstwiesen mehr. Seit nunmehr 300 Jahren wird Apfel nach Apfel und Birne nach Birne gepflanzt, und trotzdem wachsen die Bäume.

Es nützt übrigens nichts, wenn man den Standplatz um ein paar Meter verschiebt. Auch eine Wartefrist von ein paar Jahren oder eine Zwischenbegrünung bringt nichts, denn die Wuchshemmung kann viele Jahrzehnte im Boden überdauern. Wer den schwächeren Wuchs nicht in Kauf nehmen will, muss einen Wechsel der Baumart in Betracht ziehen und zum Beispiel Kirsche nach Apfel oder Zwetschge nach Birne wählen. Da in Streuobstwiesen meistens ein deutlicher Überhang an Apfelbäumen vorherrscht und dieser auch gewünscht ist, dürfen Sie auch zukünftig Apfel nach Apfel pflanzen. Wenn Sie Ihrem jungen Baum aber etwas Gutes tun wollen, füllen Sie das großzügig ausgehobene Pflanzloch mit Gartenerde auf, in der noch nie Obstbäume gestanden haben.

Das Entfernen des Wurzelstockes stellt besonders bei großen, alten Stämmen ein beinahe unmögliches Unterfangen dar. Nicht jeder hat einen kleinen Bagger oder Traktor zur Verfügung. Und überhaupt: Wohin mit dem alten Wurzelstock? Auf Wertstoffhöfen und Häckselplätzen dürfen diese meist nicht abgeladen werden. Eine Entsorgung im Wald ist verboten. Auch lässt sich das knorrige Wurzelholz schlecht spalten und taugt deshalb nicht als Brennholz. Also verbleibt der alte Wurzelstock am besten an seinem Standort. Sie entfernen ihn lediglich nur so weit, dass er beim Mähen der Fläche nicht stört. Dazu ziehen Sie mit einer Harke einen etwa 10 cm tiefen Graben um den alten Stamm, sodass Sie mit einer liegenden Motorsäge das Holz knapp unter der Erdoberfläche absägen können. Anschließend stechen Sie mit der Spitze der Motorsäge mehrmals einige Zentimeter tief von oben in die Schnittfläche ein. Doch Vorsicht: Die Säge kann leicht einklemmen und Sie müssen mit einem kräftigen Rückschlag (kick back) der Säge rechnen. In den so geschaffenen Rillen sammelt sich das Regenwasser, was den restlichen Stumpf schneller verrotten lässt. Nun noch etwas Erde über das Ganze werfen und der alte Baumstumpf ist nicht mehr zu sehen – nach einigen Jahren sogar vollständig verschwunden.

## Pflanzung

Das Pflanzloch muss mindestens 50 cm (besser 1 m) Durchmesser haben und mindestens zwei Spatenstiche (40–60 cm) tief sein. Die Grasnarbe wird mit dem Spaten abgeschabt und entfernt. Der humushaltige Oberboden wird ausgehoben, entsteint und seitlich gelagert. Bei tiefen Pflanzlöchern wird der unbelebte Unterboden zwar gelockert, bleibt aber unten und soll nicht mit dem Oberboden gemischt werden.

Bei Wühlmausproblemen ist es ratsam, einen Drahtkorb (6-eckiger Kükendraht, verzinkt, 13 mm Durchmesser) in das Pflanzloch zu legen. Der Draht muss nach dem Pflanzen oben dicht an den Stamm angelegt werden, um ein Eindringen der Mäuse von allen Seiten und auch von oben zu verhindern. Der Drahtkorb sollte auch groß genug sein, nicht dass die Wurzeln zu schnell hindurch wachsen. In den Boden des Drahtkorbes wird ein Loch geschnitten, durch das der Baumpfahl eingeschlagen

*Das Pflanzloch muss groß genug ausgehoben werden, um dem Jungbaum möglichst viel Wurzelraum zu bieten. Wichtig: Drahtkorb gegen Wühlmäuse nicht vergessen.*

*Die Veredlungsstelle (Knubbel) muss ungefähr 10 cm über der Erde liegen, um ein Freimachen der Edelsorte (Edelsorte bildet eigene Wurzeln und stößt Unterlage ab) zu verhindern. Der Drahtkorb muss etwas über die Erde ragen und oben geschlossen sein, aber nicht zu dicht am Stammfuß anliegen.*

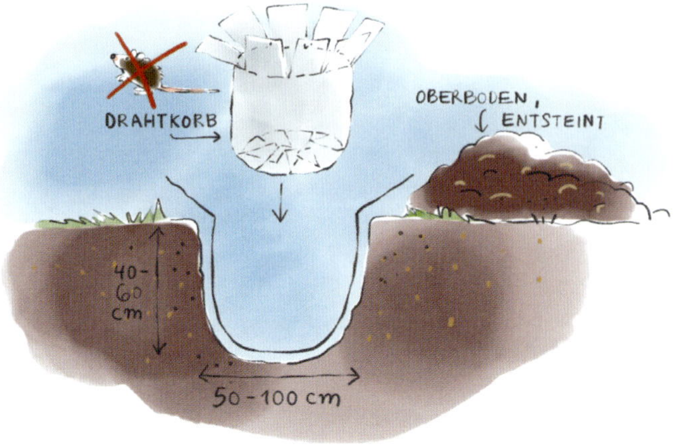


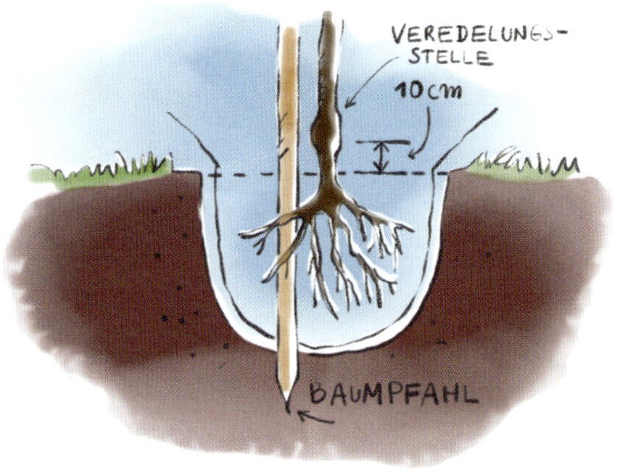


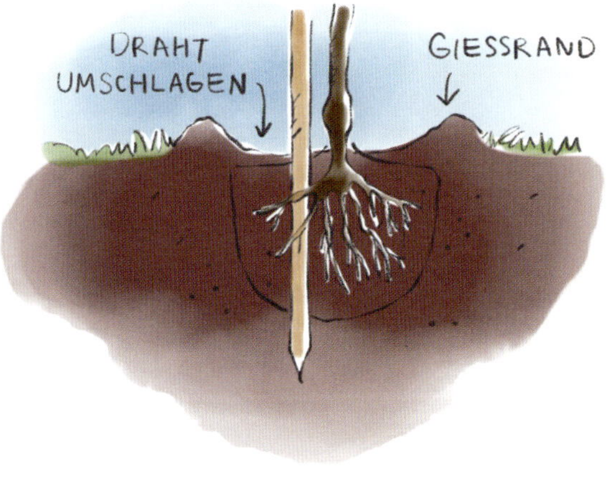


wird. Dieser soll so lang sein, dass er mindestens 50 cm im Boden steckt und oben nicht an den Ästen scheuert.

Nun wird der Baum in das Loch gehalten, mit feinkrümeliger Erde aufgefüllt und die lockere Erde vorsichtig festgetreten.

Achten Sie beim Pflanzen darauf, dass die Veredelungsstelle über dem Boden bleibt. Sie sollte etwa eine Handbreit, also etwa 10 cm, über der späteren Erdoberfläche liegen. Planen Sie ein, dass die Pflanzerde sich noch etwas setzen wird. Verschwindet die Veredelungsstelle im Boden, können sich „sorteneigene Wurzeln" bilden, die ein unkontrolliertes Wachstum des Baumes verursachen. Diese Wurzeln sind immer stark wachsend und würden das Wuchsverhalten etwa einer mittelstarken Unterlage unterdrücken.

Formen Sie aus Erde einen leichten Gießrand um den Stamm. Er verhindert beim anschließenden kräftigen Wässern, dass dieses nutzlos abläuft. Das Angießen mit 20–40 Liter Wasser ist nicht nur zum Befeuchten der Erde gut. Es schwemmt die Feinanteile an die Wurzeln und füllt etwaige Hohlräume aus. Derart angegossene Bäume wachsen sicherer an und müssen im ers-

*Der Wurzelbereich soll nach der Pflanzung gleichmäßig mit Erde verfüllt sein, es dürfen keine Hohlräume entstehen. Durch leichtes Schütteln und vorsichtiges Antreten kann dies verhindert werden. Gut mit Wasser einschlämmen!*

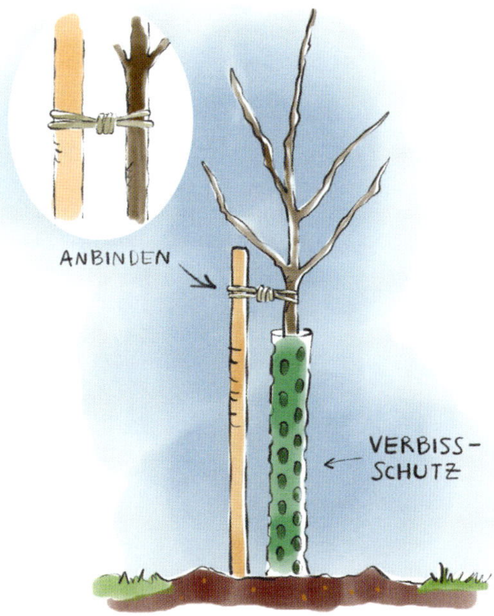


*Da Obstwiesen meist nicht eingezäunt sind, müssen die jungen Stämme vor Verbiss durch Rehe, Hasen oder Kaninchen geschützt werden. Vergessen Sie das Anbinden des Obstbaumes nicht.*

ten Standjahr nur bei längerer Trockenheit nachgegossen werden. Schließlich gilt: lieber alle drei Wochen 20 Liter als jeden Tag einen Liter. Auf diese Art und Weise dringt das Wasser bis an die Wurzel vor und verdunstet nicht so rasch wieder.

Mit einem Stück Kokosgarn oder einem speziellen Bindeschlauch binden Sie den Baum so fest, dass er nicht am Pfosten reiben kann. Dazu wird die Bindung in Form einer liegenden Acht ausgeführt und durch Umwicklung der Taille der Acht ein Abstandshalter geformt. Sie dürfen auf keinen Fall Draht oder die nur langsam verrottende Strohballenschnur verwenden, denn diese Materialien schneiden beim Wachsen rasch in den Stamm ein und würgen den Baum ab.

Am Stamm des Jungbaumes müssen Sie noch bis zum Astansatz eine Drahthose gegen den Verbiss durch Hasen im Winter und das Fegen durch das Rehwild anbringen. Eine Schutzspirale aus Kunststoff ist auch möglich. Diese muss große Lüftungsöffnungen aufweisen, weil sonst der Stamm stetig feucht bleibt und von Pilzen angegriffen werden kann.

Für ein sicheres Anwachsen der Obstbäume gilt die Regel: Wurzelvolumen entspricht dem Kronenvolumen. Um ein ausgewogenes Wachstum zu gewährleisten, müssen Sie deshalb nach der Pflanzung die Krone reduzieren und dem geringeren Wurzelvolumen der Pflanze anpassen. Weitere Informationen hierzu finden Sie im Kapitel Pflanzschnitt (Seite 58).

# Veredelungen

Diese Art der sortenechten Obstbaumvermehrung wird schon seit dem Altertum praktiziert. Es ist die einzige Möglichkeit, um eine bestimmte Sorte mit ihren gewünschten Eigenschaften zu vermehren. Eine Vermehrung über Samen (generative Vermehrung) wird immer eine neue Sorte ergeben, die sich von der Muttersorte in ihren Eigenschaften komplett unterscheiden kann.

## Kombination von Unterlage und Sorte

Bei der Samenvermehrung werden sich theoretisch alle bisherigen Vorfahren mit ihren oftmals negativen Eigenschaften durchsetzen. Um die Chance auf eine brauchbare Sorte zu erhalten, müssten beispielsweise etwa 100 000 Apfelkerne ausgesät werden. Will man also eine beliebte Sorte mit ihren positiven Eigenschaften erhalten oder vermehren, kommt man um eine „ungeschlechtliche oder vegetative Vermehrung“ nicht herum. Dazu werden einjährige Langtriebe der zu vermehrenden Sorte verwendet. Aus den Trieben wiederum wählt man ein Teilstück mit etwa drei bis vier Knospen (Augen). Dieses so bezeichnete Edelreis wird schräg, mit einem sogenannten Kopulationsschnitt angeschnitten und hinter die Rinde der Unterlage (Sorte, die man veredeln möchte) gesteckt. Diese Veredelungsart nennt man Rindenpfropfung.

Bereits in der Bibel (Paulus, Römerbrief 11, 17–24) und bei griechischen Geschichtsschreibern (Theophrast, 371–286 v. Chr.) lesen wir darüber zum ersten Mal. Das Pfropfen und das Okulieren (Veredelung mithilfe eines einzelnen Auges) werden ausführlich beschrieben, denn schon damals war das Wissen um die Notwendigkeit der Veredelung geläufig.

In der Regel übernimmt heute die Baumschule für uns die Arbeit des Veredelns. Wenn wir einen Baum kaufen, so ist das immer bereits eine Kombination zwischen der Unterlage (Wurzel) und der darauf angewachsenen Edelsorte. Wenn man nun in einer erst kürzlich erworbenen Obstwiese Sorten findet, die man nicht möchte, gibt es die Möglichkeit, diese Bäume auch nachträglich noch zu veredeln, d. h. eine bessere Sorte darauf zu platzieren. Dies ist aber nur bei jüngeren Bäumen bis etwa zum 30. Lebensjahr sinnvoll. Bei älteren Exemplaren wären Zeit- und Materialaufwand zu hoch. Meist ist es sinnvoller, sich von dem alten Baum zu trennen und lieber einen neuen mit der gewünschten Unterlagen-Sorten-Kombination zu pflanzen. Bei jüngeren Bäumen hingegen kann es sich lohnen, die unbefriedigende Sorte durch eine andere zu ersetzen. Die volle Baumgröße und ein nennenswerter Obstertrag sind schnell wieder erreicht, da ja die Wurzel bereits vollständig entwickelt und ein Grundgerüst der Baumkrone vorhanden ist.

Diese Veredelungsart wird bereitwillig angewandt, wenn die gewünschte Sorte nicht mehr erhältlich ist, man aber noch Zugriff auf Triebe (Reiser) dieser Sorte hat. Darüber hinaus macht es schlichtweg einfach Spaß, die gewünschten Sorten selber zu vermehren. Gerne werden auch mehrere Sorten auf einen Baum veredelt.

So ist es möglich von einem sogenannten „Mehrsortenbaum“ fünf, zehn oder noch mehr verschiedene Sorten ernten zu können. Vom Frühapfel über die Herbst- bis zur Lagersorte kann dann alles auf einem Baum heranwachsen. Es gibt dabei zwei gängige Methoden:

## Pfropfen hinter die Rinde

So geht's: Die Edelreiser der gewünschten Sorte müssen in der kalten Jahreszeit geschnitten werden. Der beste Zeitpunkt ist zwischen Weihnachten und Ende Januar, wenn sich der Obstbaum in der Winterruhe befindet. Man wählt dazu gut besonnte einjährige Langtriebe aus, die gerade gewachsen und gesund sind. Diese etwa 40–60 cm langen Zweige werden gebündelt, sogleich etikettiert und möglichst schnell an einem kühlen und feuchten Ort eingelagert. Das verzögert den Austrieb der Knospen. Ein vorzeitiges Antreiben würde die eingelagerten Reservestoffe, die das Veredelungsreis zum späteren Anwachsen benötigt, verbrauchen und ein Anwachsen unmöglich machen.

Früher wurden die Reiser traditionell im tiefen feuchten Gewölbekeller gelagert. Heutige Keller sind oft viel zu warm. Die Reiser würden entweder austrocknen oder schon vor der Zeit austreiben. Alternativ können sie aber an einem kühlen, sonnengeschützten Platz im Garten gelagert werden. Hierzu schlagen Sie das Reiserbündel an einer schattigen, windstillen Stelle in die Erde ein und befeuchten es regelmäßig. Zuvor sollten Sie die Reiser noch vor Mäusen sichern, beispielsweise mit einem geeigneten Drahtgeflecht.

Der eigentliche Veredelungsvorgang findet erst zur Zeit der Vollblüte – also erst im April statt. Die zu veredelnde Unterlage sollte dabei im besten Saftfluss stehen, das Edelreis aber, wie angesprochen, noch in der tiefsten Winterruhe sein. Zuerst wird der alte Baum abgeworfen, d. h. es werden die Äste an der gewünschten Stelle abgesägt. Die Veredelungsstellen sollten einen maximalen Durchmesser von etwa 8–10 cm haben. Ist der Ast schon dicker oder die Rinde an dieser Stelle rau und rissig, lässt sich die Rinde nicht mehr ablösen. In diesem Fall müssen Sie weiter außen (weiter

*Nach dem Veredeln müssen die Schnittstellen des Astes sowie der Reiser sorgfältig mit Veredlungswachs eingestrichen werden, um ein Austrocknen und Wassereintritt zu verhindern.*

*Diese durch Rindenpfropfung aufgebrachten Edelreiser treiben kräftig aus. Das zeigt, dass die Veredelung geglückt ist.*

weg vom Stamm) nach geeigneten, jüngeren Ästen suchen.

Mit einer gebogenen Messerklinge (Kopulierhippe) schneiden Sie nun das Edelreis mit einer Länge von etwa 12 cm und einer Augenzahl von drei bis vier Stück durch eine vorsichtige ziehende Schnittbewegung (Kopulationsschnitt) an der Basis an. Die länglich ovale Schnittfläche sollte möglichst lang sein und keine Wellen aufweisen. Nur ein glatter Schnitt liegt an der Unterlage sauber an und ist auch für ein gutes Anwachsen wichtig. Das saubere Zuschneiden des Edelreises ist das Schwierigste am ganzen Veredeln und sollte vorher geübt werden. Haben Sie ein gelungenes Exemplar fertiggebracht, schieben Sie dieses möglichst rasch in einen Rindenspalt an der Veredelungsstelle ein.

Diesen Spalt erhalten Sie durch einen Schnitt mit einem Messer mit möglichst gerader Klinge. Anschließend lösen Sie die Rinde links und rechts davon etwas vom Gehölz ab. – Die Rinde muss sich lösen, was aber nur in einem bestimmten Zeitabschnitt, nämlich Mitte April oder dann wieder Anfang August gewährleistet ist. – Das Reis schieben Sie nun unter die beiden Rindenflügel ein und pressen es mit einer Bindung aus Veredelungsbast an. Danach wird das Ganze luftdicht mit einem speziellen Veredelungs-Wachs verstrichen. Das verhindert, dass das Reis austrocknet, bevor es mit der Unterlage eine Verbindung aufbauen konnte.

Bereits wenige Wochen später können Sie sehen, ob die Veredelung geglückt ist: Das Reis treibt an den Augen aus und bildet zügig neue kräftige Triebe. Bereits nach wenigen Jahren ist das Ausgangsvolumen des alten Baumes wieder erreicht und Sie können schon bald mit einer großen Anzahl von Früchten rechnen, fortan aber von Ihrer Lieblingssorte, die Sie selbst oder zusammen mit Ihrer Familie ausgesucht haben.

Personen, die regelmäßig Bäume veredeln und den lang gezogenen Anschnitt der Reiser beherrschen, erreichen beim Apfel meist eine Anwachsquote von 80–90 %. Bei Kirsche und Zwetschgen fällt die Quote nicht ganz so hoch aus. Meist wächst nur die Hälfte der Umpfropfungen an und man muss im nächsten Jahr noch einmal von vorn beginnen. Gerade bei Süßkirschen können Sie aber auch die sogenannte Grünveredelung praktizieren. Wie bereits angesprochen löst sich die Rinde im August ein zweites Mal und Sie können ausgereifte Reiser der gewünschten Sorte direkt vom „Spenderbaum" entnehmen und sofort auf der Unterlage hinter die Rinde schieben. Wichtig ist nur, dass Sie die Blätter am Edelreis bis auf einen Blattstummel wegschneiden, um die Verdunstung zu hemmen. Ansonsten geht man genauso vor wie beim „Pfropfen hinter die Rinde" bereits beschrieben. Auf keinen Fall dürfen Sie beim Verstreichen die obere Schnittstelle am Edelreis vergessen, um von dort ein Eintrocknen zu verhindern.

## Kopulation

Wenn man sich beispielsweise selbst aus Samen eine eigene Sämlingsunterlage herangezogen hat, die jedoch nur wenige Jahre alt sein sollte, kann auch eine andere Veredelungsart gewählt werden, nämlich die Kopulation. Besonders hierbei ist, dass die Unterlage und das Edelreis dieselbe Stärke aufweisen. Beide Veredelungspartner werden mit einem gleich langen schrägen Kopulationsschnitt versehen und so aneinandergelegt, dass der jeweils hellgrüne Bereich – das Kambium – miteinander Kontakt hat. Nur so können die beiden Teile miteinander verwachsen. Nun umwickeln Sie das Ganze fest mit Bast und verstreichen es luftdicht mit Wachs. Da man bei dieser Methode nicht auf das Lösen der Rinde angewiesen ist, kann die Kopulation bereits im März oder April durchgeführt werden.

Da Vögel beim Anfliegen gerne veredelte Reiser abknicken, können Sie versuchen, die Veredelungsstelle zu schützen, indem Sie über dieser Stelle einen Ast bogenförmig anbinden.

*Bei der Kopulation sollten die Reiser möglichst gleich stark sein. Eine gerade Schnittführung ist Voraussetzung für den Anwachserfolg.*

# Schnittmaßnahmen

Warum Obstbäume schneiden? Der junge Baum würde auch ohne Schnitt wachsen, sogar schneller Früchte tragen. Ohne Erziehungsschnitt bildet er eine hohe, spitzenbetonte, schwach belichtete Krone, die nicht stabil genug ist, um im Vollertrag mehrere Zentner Obst zu tragen.

## Pflanzschnitt

Bei großkronigen Bäumen in Obstwiesen kommt für die Kronenerziehung ausschließlich die Pyramidenform infrage. Die Pyramidenkrone setzt sich aus dem Stamm, den drei bis vier Leitästen und der Stammverlängerung zusammen. An den Leitästen und der Stammverlängerung befinden sich die Fruchtäste. Der Baum durchläuft eine Jugendphase mit Pflanz- und Erziehungsschnitt, eine Ertragsphase mit Erhaltungsschnitt sowie eine Altersphase, in der ein Erneuerungsschnitt notwendig werden kann.

Zur Vermeidung von Frostschäden führen Sie den Pflanzschnitt am besten erst im März durch.

*Beim Pflanzschnitt werden die Leitäste und der Mitteltrieb um ungefähr 1/3 eingekürzt, um Verzweigung und Triebstärke zu fördern. Bei den Leitästen auf etwa gleiche Anschnitthöhe achten.*

### Stammverlängerung und Leitäste

Die Stammverlängerung und die Leitäste bilden das Grundgerüst der Krone. Sie tragen die Fruchtäste. Durch einen klaren Aufbau der jungen Krone werden die späteren Arbeiten erleichtert. Der Baum bringt aus der Baumschule normalerweise fünf bis acht gesunde, einjährige Triebe mit, welche in mehr oder weniger steilem Winkel schräg nach oben stehen. Oft sind direkt unterhalb der Stammverlängerung ein oder zwei sehr steile, sogenannte Konkurrenztriebe vorhanden, welche später ausschlitzen (ausreißen) würden. Sie sollten Sie deshalb sofort entfernen.

Beim Pflanzschnitt werden als Erstes die Leitäste neben der zukünftigen Stammverlängerung bestimmt. Als optimal haben sich drei bis vier Leitäste bewährt. Diese müssen kräftig, gesund und möglichst gleichmäßig um den Stamm verteilt sein. Jeder Leitast muss so viel Platz haben, dass er sich später bis ins Zentrum der Krone mit gut belichteten Fruchtästen garnieren kann. Außerdem ist ein deutlicher Höhenversatz von wenigstens 10 cm sinnvoll. Dies verhindert, dass später ein Quirl entsteht, der die Gerüstäste und den Mitteltrieb abschnüren könnte. Wenn Sie eine Obstwiese bewirtschaften, sollten die Leitäste nicht rechtwinklig in die Fahrgasse ragen.

Als Nächstes prüfen Sie die Astabgangswinkel. Diese haben enormen Einfluss auf die spätere Triebleistung und die Fruchtbarkeit. Sie sollten nicht steiler als 45°, aber auch nicht flacher als 60° sein.

Die Leitäste, die nicht von sich aus den richtigen Astabgangswinkel haben, müssen Sie folgendermaßen korrigieren: Zu steile Triebe werden durch Spreizhölzer flacher gestellt und die zu flachen Triebe werden mithilfe von Schnüren hochgebunden. Insgesamt bringt das Belassen oder Herabbinden von waagerechten Fruchtästen zwar einen frühen Ertragsbeginn, schwächt aber das Baumwachstum und sollte deshalb erst im zweiten oder dritten Standjahr des Baumes erfolgen.

Nachdem Sie die Leitäste ausgesucht und falls notwendig formiert haben, entfernen Sie die überzähligen Äste! Zuletzt werden nun die Leitäste angeschnitten und dabei um etwa 30 bis 50 % ihrer Länge eingekürzt. Damit alle dieselben Wachstumschancen bekommen, werden sie auf derselben horizontalen Höhe angeschnitten.

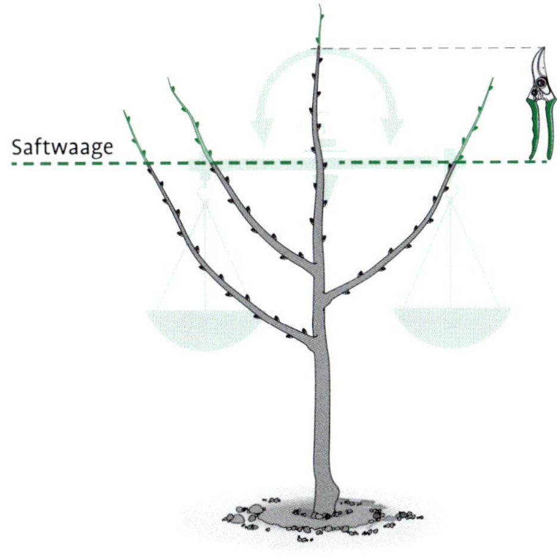


*Saftwaage: Alle Leitäste werden auf derselben Höhe angeschnitten.*

Um diese sogenannte Saftwaage zu erreichen, beginnen Sie am besten bei einem mittellangen Leitast und passen dann die kürzeren und längeren Äste an diesen ersten Schnitt an. Die Stammverlängerung schneiden Sie etwa 15 cm höher als die Leitäste an.

## Erziehungsschnitt

In den ersten Standjahren wird durch einen jährlichen Schnitt ein stabiles Kronengerüst aufgebaut. Dies braucht mindestens acht Jahre, in Einzelfällen kann es aber bis zu 12 Jahre dauern, ehe die Erziehungsarbeiten abgeschlossen sind. In dieser Zeit stehen das Wachstum des Baumes und damit die Erziehung der Leitäste und der Stammverlängerung im Vordergrund.

Mit steigendem Alter werden zunehmend waagerechte Fruchtäste integriert, was allmählich den Übergang zur Ertragsphase einleitet. Bei schwach wachsenden Bäumen bzw. Sorten kann es darüber hinaus notwendig sein, in den ersten Jahren Blütenbüschel oder junge Früchte zu entfernen, damit die ganze Kraft des Baumes in das Triebwachstum geht.

Reagiert ein Baum sehr stark auf den Schnitt, schneiden Sie ihn beim nächsten Mal etwas weniger zurück. Reagiert er nur schwach, so wird er hingegen durch einen kräftigeren Schnitt zu mehr Wachstum angeregt. Am jungen Baum wird so das Wachstum der Triebe in Ihrer Stärke und Wuchsrichtung ständig überwacht und nötigenfalls durch kleine, aber gezielte Eingriffe korrigiert. Doch nur in den ersten Jahren lässt sich ein zu steiler Astabgangswinkel der Leitäste etwas nachkorrigieren. Die windfest eingespannten Spreizhölzer belässt man etwa ein Jahr im Baum. Da mit zunehmendem Baumalter größere Spreizkräfte nötig sind, sollten Sie darauf achten, dass die Ansatzstellen nicht zu scharfkantig sind, da sie sich sonst in die Rinde einschneiden. Auch regelmäßige Nachkontrollen sind sinnvoll. Dagegen bleibt ein Hochbinden von zu flach angesetzten Ästen bei Bäumen, die schon einige Jahre stehen, wirkungslos, da diese Äste beim Lösen der Schnur wieder in die alte Lage zurückfallen.

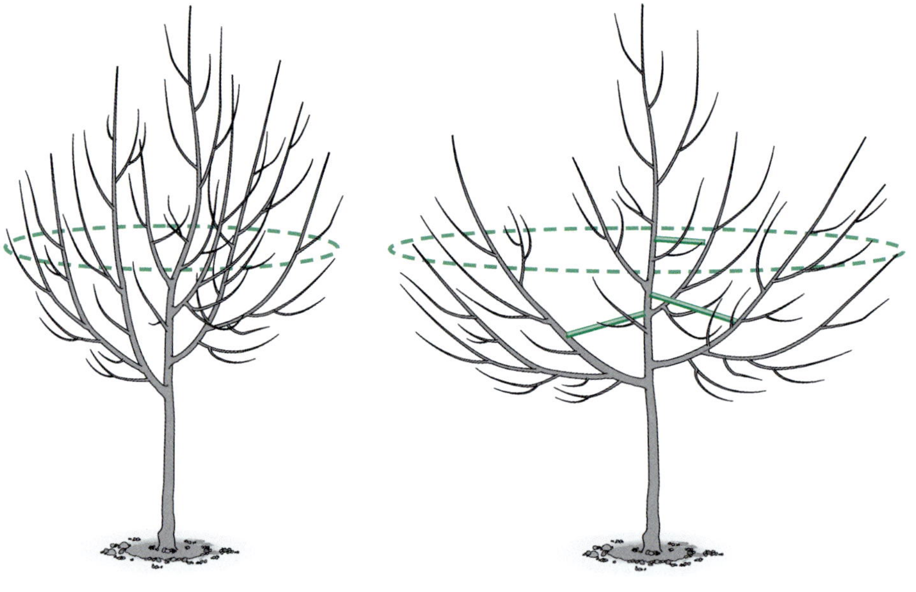

*Durch den Erziehungsschnitt wird über mehrere Jahre ein stabiles Kronengerüst aufgebaut. Auch können noch Korrekturen wie z. B. bei zu steil stehenden Leitästen vorgenommen werden.*

*Regelmäßiger Erziehungs- und Erhaltungsschnitt erleichtert die Ernte, fördert die Baumgesundheit und vereinfacht weitere Schnittmaßnahmen.*

Deshalb ist es immer besser, die Leitäste gleich beim Pflanzschnitt richtig zu erziehen, als später nachzukorrigieren.

## Stammverlängerung und Leitäste

Durch das Anschneiden beim Pflanzschnitt haben an den Leitästen und der Stammverlängerung mehrere Triebe ausgetrieben. Wählen Sie davon denjenigen aus, welcher am besten den Trieb in dem gewünschten aufsteigenden Winkel verlängert. Der Rest wird entfernt. Es darf auf keinen Fall zu einem flachen Bereich oder gar zu einem Knick in dem aufstrebenden Leitast kommen. Die Leitäste und die Stammverlängerung werden erneut durch Anschneiden um etwa 30 bis 50 % eingekürzt. Konkurrenztriebe sowie andere zu steil stehende oder nach innen wachsende Langtriebe werden bereits im Sommer am wirkungsvollsten durch Reißen oder jetzt auf Astring entfernt.

## Fruchtäste

Fruchtäste müssen immer der Stammverlängerung bzw. dem Leitast, aus dem sie entspringen, deutlich untergeordnet sein. Sobald ihr Durchmesser mehr als halb so stark ist wie der Durchmesser der Stammverlängerung oder des Leitastes (an derselben Stelle gemessen), müssen Fruchtäste entfernt werden. Die Spitzen der Fruchtäste dürfen Sie nicht anschneiden, da diese hier sonst nur unerwünschte vegetative Langtriebe produzieren würden.

So sollte eine fertig erzogene Pyramidenkrone im Idealfall aussehen. Aber auch hier sind in Form des Erhaltungsschnitts immer wieder Korrekturen vorzunehmen.

Da im Kronenbereich das Wachstum grundsätzlich am stärksten ist, kommt es immer wieder zur Überbauung. Hier sollte man die Krone auf einen mehrjährigen Fruchtast zurücknehmen, um das Wachtum zu bremsen. Auf keinen Fall auf einen einjährigen, steilstehenden Ast zurückschneiden!

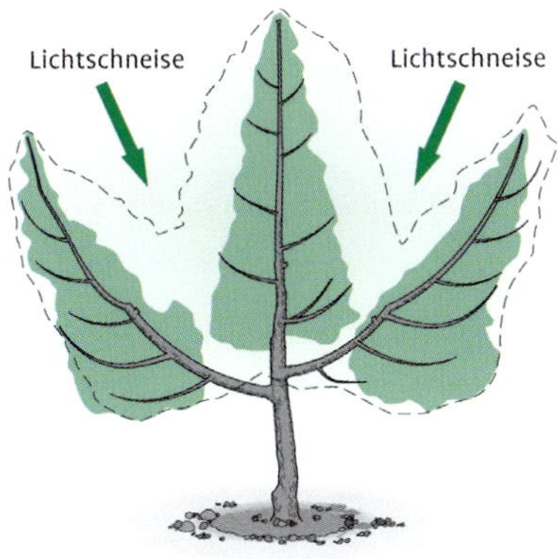


*Leitäste und Mitteltrieb sollten als Grundgerüst immer erhalten bleiben. Den Mitteltrieb kann man sich wie eine Spindel und die Leitäste jeweils als halbe Spindeln vorstellen. So ist gewährleistet, dass immer genug Licht in die Krone gelangt und ein guter Zugang in die Krone gewährleistet ist.*

## Erhaltungsschnitt

Bei Bäumen, die nach etwa zehn Jahren aus der Erziehungs- in die Ertrags- oder Erhaltungsphase kommen, ist die Krone in ihrem Aufbauprinzip fixiert. Sie wird zwar in den nächsten Jahren noch etwas an Volumen zulegen, aber die wesentlichen Aufbauarbeiten im Baumgerüst und in der Hierarchie der Äste untereinander sind erledigt. Es geht nun vor allem darum, die einmal gegebene Struktur zu erhalten, die Höhe des Baumes sinnvoll zu begrenzen und die alternden Fruchtäste regelmäßig durch jüngere auszutauschen. Der weitere Schnitt erfolgt nun, je nach Wüchsigkeit des Gehölzes und Anspruch des Nutzers an die Fruchtqualität, im zwei- bis vierjährigen Rhythmus. Dabei wird der Baum in der gewünschten leichten Grundspannung gehalten, welche die Fruchtqualität und die ausgeglichene Neutriebbildung sichert. Insgesamt sollten Sie mindestens 20 %, aber nicht mehr als 35 % des Baumvolumens in einer Schnittsaison entfernen.

Sie sollten nun bevorzugt mit der Säge oder der Astschere und kaum noch mit der Gartenschere arbeiten. Schließlich ist es besser, mit wenigen Schnitten viel zu erreichen, als durch zu viele kleine Schnitte das Wachstum des Baumes übermäßig anzuregen. Andererseits ist es dennoch gut, möglichst kleine Sägewunden zu hinterlassen und die notwendigen Schnitte frühzeitig durchzuführen und nicht Jahr um Jahr zu verschieben, da die einmal entstandenen Probleme wie Überbauung oder Verkahlung nicht kleiner, sondern größer werden.

### Stammverlängerung

Damit die Stammverlängerung in ihrem Höhenwachstum begrenzt und gleichzeitig der Wuchs der Leitäste gefördert wird, muss alle paar Jahre die Mitte zurückgenommen werden. Ein (jährlicher) Rückschnitt auf immer derselben Höhe würde nur zu einer kopfweidenartigen Verdickung mit unzähligen einjährigen Langtrieben führen, die das Wachstum noch mehr anreizen. Auch die Ableitung auf einen flachen Fruchtast bringt nicht immer das gewünschte Ergebnis, da der Baum lieber eine nach oben weisende Spitze haben möchte und er deshalb immer wieder aufs Neue an der höchsten Stelle mindestens einen neuen senkrechten Trieb hervorbringen wird. Deshalb nehmen Sie den Rückschnitt besser gleich auf einen nach oben zeigenden, aber deutlich tiefer und möglichst mittig über dem Zentrum des Baumes stehenden mehrjährigen Trieb vor. Dieser sollte idealerweise schon mit Blütenknospen besetzt sein, da er dann den zusätzlich zu erwartenden Saftstrom besser verwenden kann. Ein fruchtender Trieb verbraucht viel der überschüssigen Energie für die Früchte und wird aus diesem Grund deutlich schwächer austreiben als ein einjähriger Trieb.

Möchten Sie die Baumhöhe reduzieren, ist es sinnvoll, bereits ein oder zwei Jahre zuvor einen geeigneten Ersatztrieb stehen zu lassen, damit der Wechsel auf diesen erfolgen kann. Nach ein paar Jahren wird auch diese Mitte wieder auf einen neuen nach oben weisenden mehrjährigen Trieb heruntergenommen, welcher dann wiederum für einige Jahre die Spitze des Baumes bilden wird.

Wegen der Überbauungsgefahr dürfen an der Stammverlängerung keine steil nach oben wachsenden Fruchtäste belassen werden. Durch regelmäßigen Schnitt bleiben die Grundelemente der Pyramidenkrone dauerhaft erhalten. Die schmal gehaltene, überbauungsfreie und in der Höhe immer wieder begrenzte Mitte lässt genügend Raum für breite Lichtschneisen bis zur Kronenbasis. Dadurch bleiben alle Leitäste besonnt und das Bauminnere kann nicht verkahlen. Die Mitte des Baumes sollte also wie eine Spindel erzogen werden: unten breit und nach oben immer schmaler werden und mit regelmäßig ausgetauschten oder zurückgeschnittenen Fruchtästen versehen sein.

Entfernen Sie im oberen Kronenteil alle zu steil und zu dicht stehenden Triebe vollständig. Durch Reißen dieser Triebe können Sie einem zu starken Neuaustrieb vorbeugen. Starke Konkurrenztriebe entfernen Sie ebenfalls konsequent.

*Kirschen blühen in der Regel früh im Jahr und sind damit frostgefährdet.*

### Leitäste

Solange noch ein Volumenzuwachs der Krone zu erwarten ist, sollte die Verlängerung des Leitastes weiterhin im gewünschten Winkel aufstreben. Dies erreichen Sie durch das Zurücknehmen auf einen günstig und nicht zu flach stehenden Trieb. Achten Sie außerdem darauf, dass jedem Leitast der ihm zustehende Raum erhalten bleibt und er bis in den inneren Bereich der Krone hinein genügend Licht erhält, um eine gute Garnierung mit Fruchtästen beizubehalten und nicht zu verkahlen.

### Fruchtäste

Fruchtäste sind der Stammverlängerung bzw. dem Leitast, aus dem sie entspringen, unterzuordnen. Wenn sie in den Bereich der benachbarten Leitäste hineinwachsen, müssen sie genauso entfernt werden wie Wasserschosse. Wenn ein Fruchtast von einem darüberliegenden zu sehr beschattet wird, müssen Sie in der Regel den oben liegenden entfernen oder zurückzuschneiden, und nicht den unteren. Krankes, zu stark hängendes, zu dichtes, beschattendes oder zu altes Fruchtholz beseitigen Sie schlichtweg.

Durch den zunehmenden Behang im Alter neigen sich ehemals waagerechte Fruchtäste immer mehr nach unten. Sie bringen dann zwar immer noch reichlich, aber nur schlecht ernährte und sehr kleine Früchte hervor. Der nach unten gerichtete Wuchs bedingt diese deutlich geringere Saftversorgung. Deshalb sollten Sie die überalterten Partien regelmäßig auf jüngere, oberseits gewachsene Triebe zurückschneiden. Auch die jetzt noch vitalen und eventuell sogar noch leicht nach oben strebenden Äste werden nach einiger Zeit und entsprechendem Behang ebenfalls abkippen und dann wiederum ausgetauscht. Diesen Vorgang bezeichnet man als Fruchtholzrotation. Für einen optimalen Schnitt brauchen Sie genug Bewegungsmöglichkeit im Geäst und eine sicher angelegte Leiter. Wenn dies nicht geht, entfernen Sie einfach die störenden Fruchtäste, was ganz nebenbei auch die Bewirtschaftung der Unterpflanzung ermöglicht.

## Habitatbäume

Trotz aller Pflege kommt für unsere Obstbäume dennoch irgendwann das biologische Ende. Früher hat man solche langsam absterbenden Bäume so schnell als möglich gefällt, den Wurzelstock beseitigt und an derselben Stelle den Nachfolger gepflanzt.

Heute weiß man um die hohe ökologische Bedeutung dieser sterbenden oder bereits toten Baumveteranen. Lässt man diese Habitatbäume stehen, nimmt man am besten nur die Peripherie der Krone zurück, um den Baum statisch zu entlasten. So ist die Krone nicht mehr so ausladend und windanfällig und kann weiterhin vielen Insekten (Holzkäfer, Wildbienen) und dadurch auch vielen Vögel, wie zum Beispiel dem Specht, als Nahrungsquelle dienen. Den jungen Ersatzbaum pflanzt man wenige Meter entfernt und achtet darauf, dass die restliche Altbaumkrone den Jungbaum nicht zu sehr beschattet. So haben Sie zwei Dinge auf einmal und nebeneinander geschafft: Den ökologischen Wert und Nutzen eines sterbenden Altbaumes berücksichtigt und gleich daneben die nächste Generation herangezogen, welche ihn ersetzen soll.

Immer wieder gibt es Bedenken, dass Krankheiten vom alten auf den jungen Baum überwechseln könnten. Dies ist aber meist unbegründet, da Insekten und holzzerstörende Pilze, die ihn besiedeln, in der Regel nicht an junge vitale Bäume gehen. In trockenen Sommern müssen Sie den Jungbaum jedoch etwas öfter gießen als sonst, da der Altbaum – solange er noch Blätter hat – ebenfalls Wasser aus dem Boden aufnimmt.

## Erneuerungsschnitt

Wurde ein Baum über viele Jahre gar nicht oder falsch geschnitten, hilft nur noch ein Verjüngungs- oder Erneuerungsschnitt. Meist sind bei ungepflegten Kronen vor allem die Höhe, die Überbauung und daraus folgend die Verkahlung die größten Probleme. Aber auch die damit einhergehenden statischen Defizite, die Vergreisung und starke Ertragsschwankungen (Alternanz) zwingen irgendwann dazu, die Versäumnisse der Vergangenheit aufzuarbeiten, wenn man den Baum retten will.

Aufgrund der Astdicke empfiehlt sich dafür die Verwendung eines Hochentasters. Auch gilt, dass wenige größere Eingriffe vielen kleineren vorzuziehen sind. Bei solchen Eingriffen können Sie größere Sägewunden kaum verhindern. Vermeiden Sie daher möglichst obenliegende waagerechte Wunden und solche, die mehr als 15 cm Durchmesser aufweisen, da diese schlecht oder nicht verheilen und Eintrittspforten für Krankheiten sein können. Bei Rundumsanierungen müssen häufig über 75 % des bisherigen Baumvolumens herausgenommen werden. Bei einem stark vergreisten Baum ohne nennenswerten Zuwachs in den letzten Jahren und einer regelmäßig stark tragenden Sorte kann dieser Erneuerungsschnitt in einem Jahr vorgenommen werden.

Wächst der Baum aber noch und ist vital, wäre es falsch, die gesamte Schnittmaßnahme auf einmal durchzuführen. Der Baum würde – durch das starke Übergewicht des unterirdischen Wurzelwerks gegenüber dem oberirdischen Teil mit den saftverbrauchenden Blättern und Früchten – regelrecht „explodieren“. Er würde Hunderte von langen Wasserschossen bilden und völlig aus dem physiologischen Gleichgewicht geraten. Nur mit viel Mühe, Zeitaufwand, Binden und Nach- sowie Sommerschnitt können Sie solch einen unnötig gereizten Baum wieder beruhigen. Wesentlich einfacher ist es in diesem Fall, den erforderlichen Schnitt auf zwei bis drei Jahre zu verteilen.

*Eine überalterte Krone bildet nur noch schwaches, quirliges Fruchtholz und kaum noch Neutriebe. Das Verhältnis zwischen Wachsen und Fruchten ist gestört. Durch einen Erneuerungsschnitt muss dem entgegengewirkt werden. Stärkere Eingriffe können auf mehrere Jahre verteilt werden.*

### Stammverlängerung

Da nicht mehr als 35 % des Volumens auf einmal entfernt werden sollte, fangen Sie im ersten Winter mit den wichtigsten Sägeschnitten an. Das bedeutet in der Regel, die Höhe reduzieren und die Überbauung beseitigen. Dadurch dringt auch wieder Licht ins Bauminnere. Oft ist bereits durch drei oder vier Schnitte die Obergrenze des Schnittlimits erreicht, die restliche Arbeit müssen Sie auf das nächste Jahr verschieben.

Wenn sich kein nach oben weisender mehrjähriger Trieb als neue Mitte anbietet, müssen Sie auf einen Fruchtast etwas

*Starker Rückschnitt ins ältere Holz erzeugt viele kräftige Neutriebe.*

unterhalb der gewünschten Höhe zurückgehen und dem Baum die Bildung einer neuen Spitze überlassen.

Nach dem Schnitt im Sommer können Sie eventuell aufgetretene Wasserschosse herausreißen oder – sofern an brauchbarer Stelle – flach binden.

### Leitäste

Beim Schnitt im zweiten Winter können Sie die verbliebenen Arbeiten an den Leitästen und den hängenden Fruchtästen ausführen. Durch Fruchtbehang heruntergebogene Leitastverlängerungen werden bis zu einem geeigneten, im richtigen Winkel nach oben weisenden, jüngeren Ast zurückgeschnitten.

### Fruchtäste

Jetzt bleibt nur noch, das alte, vergreiste Fruchtholz auszutauschen. Überbauende und zu dichte Fruchtäste sägen Sie zurück bzw. ganz heraus. Stark hängende Fruchtäste entfernen Sie ebenfalls.

Spätestens beim dritten Winterschnitt ist der Baum rundum saniert und hat durch seine neuen Triebe wieder Fruchtäste im bislang verkahlten Innenbereich gebildet. Durch das moderate Wachstum ist er schnell wieder in der Lage, gut besonnte und große Früchte zu liefern. Wenden Sie jetzt wieder den normalen Erhaltungsschnitt an.

## Schnittzeitpunkt

Früher wurden Obstbäume fast ausschließlich im Winter geschnitten. Der Hauptgrund lag vor allem darin, dass nur in dieser Jahreszeit die dafür notwendige Zeit vorhanden war. Da es sich meist um Bauern oder anderweitig im Gartenbau tätige Personen handelte, gab es vom Frühjahr bis zum Spätherbst keine Gelegenheit für Schnittarbeiten an den Obstgehölzen. Nur von Januar bis März fand man die Zeit, die Bäume zu schneiden, danach ging es wieder auf dem Feld oder im Garten mit der Bestellung der Äcker und Beete los. Auch heute noch meinen deshalb viele Leute, dass nur der Winter für den Gehölzschnitt geeignet sei. Das ist falsch – es kommt vielmehr darauf an, was man bezwecken möchte.

### Schnitt im unbelaubten Zustand

Ein Vorteil des Schnitts im unbelaubten Zustand ist, dass viele Bereiche im Baum besser zu erkennen sind, wie z. B. die Aststellung, das Alter eines Zweiges oder kranke Stellen, die entfernt werden müssen. Sie sollten im Winterhalbjahr nur die Schnittarbeiten durchführen, die Sie nicht schon im Sommer davor hätten machen können. Der Winterschnitt fördert das Triebwachstum und er sollte deshalb nur dort verstärkt erfolgen, wo mehr Wachstum erwünscht ist, wie beispielsweise bei frühzeitig vergreisten Bäumen.

Im Herbst holt die Pflanze alle brauchbaren und mobilen Bestandteile aus den Blättern heraus und lagert sie im Starkastbereich, Stamm und insbesondere im Wurzelstock ein. Diese Stoffe dienen zum einen dem Baum als Schutz vor starken Winterfrösten und zum anderen werden sie im nächsten Frühjahr zum Neuaustrieb benötigt. Es sollte deshalb ab der Laubfärbung bis etwa Mitte Dezember gar kein Schnitt erfolgen, da dem Gehölz sonst diese wertvollen Reservestoffe fehlen. Außerdem können im Herbst Bakterien (z. B. Pseudomonas) oder holzzerstörende Pilze (z. B. Obstbaumkrebs) sehr leicht in frische Schnittwunden eindringen, da sich die Pflanze ohne Saftfluss nicht gegen die eindringenden Feinde wehren kann.

*Schnittmaßnahmen im belaubten Zustand (Sommerschnitt) haben den Vorteil, dass sie das Triebwachstum reduzieren und für eine gute Belichtung der Früchte sorgen. Achtung: keine zu starken Maßnahmen, um Sonnenbrandschäden an Frucht und Holz zu vermeiden.*

### Schnitt im belaubten Zustand

Aus Gründen der Pflanzengesundheit und der ruhigeren Triebreaktion spricht sehr viel für den Schnitt im belaubten Zustand. Die durchgeführten Schnittmaßnahmen verheilen besser und schneller, da die Pflanze sofort beginnen kann, die Wundränder wieder zu schließen. Wird sie noch im Saftfluss geschnitten, wehrt sie sich gegen eindringende parasitäre Krankheiten durch die Produktion von Gerbstoffen. Diese Stoffe werden mithilfe von Wasser an die Schnittstelle transportiert und bilden eine regelrechte „Verteidigungslinie“, die der eindringende Erreger erst einmal überwinden muss, will er tiefer in das Holz vordringen.

Mit dem Schnitt im Sommer reduzieren Sie außerdem die Assimilationsfläche, was das Triebwachstum deutlich beruhigt. Je häufiger Sie in den Sommermonaten schneiden, umso ruhiger und fruchtbarer entwickelt sich der Baum.

Sie selbst sehen beim Schnitt schneller, wo die Krone zu dicht ist und wo eine bessere Belichtung nötig wäre. Mehr Licht macht die Früchte aromatischer und lässt sie farblich gut aussehen. Manche Krankheiten, bei denen die Befallsstellen schnellstmöglich entfernt werden sollten (z. B. Apfelmehltau), erkennen Sie nun ebenfalls sehr leicht.

*Schnittwunden heilen im Sommer schneller und das Triebwachstum wird beruhigt. Beim Juniriss werden die Reserveknospen mit entfernt, was einen erneuten Austrieb an dieser Stelle verhindert.*

## Juniriss

Im Frühsommer können Sie ab Ende Mai bis Ende Juni Formierungsarbeiten durchführen. So lassen sich zu steil stehende Austriebe nun leicht flach stellen oder herunterbinden, da sie noch sehr biegsam sind und nicht so leicht brechen. Nicht benötigte vegetative Langtriebe (Wasserschosse) sollten Sie jetzt ausreißen, da die Wunden nun am besten verheilen und durch das Entfernen der schlafenden Augen keine lästigen Nachtriebe gebildet werden.

## Sommerschnitt

Ab Mitte August können Sie mit dem eigentlichen Sommerschnitt beginnen. Fängt man zu frühzeitig damit an, kann es zu einem unerwünschten Austrieb der schlafenden Augen oder der bereits fürs nächste Frühjahr gebildeten Blütenknospen kommen. Ein zu früher Start erhöht auch das Risiko von Sonnenbrandschäden auf den Früchten. Bei Hagel kann es zu größeren Fruchtschäden kommen, wenn die schützenden Triebe mit ihren Blättern zu früh beseitigt wurden.

Äste, die keine Früchte tragen, können bereits im Sommer fertig geschnitten werden. Dort, wo aber noch Früchte hängen, kann erst im nächsten Winter der endgültige Schnitt erfolgen. In Jahren mit erhöhtem Feuerbrandrisiko (gefährliche Bakterienkrankheit) sollten Sie bei Apfel, Birne und Quitte auf den Sommerschnitt verzichten, um den Erreger nicht im Bestand zu verteilen.

# Blumenwiese anlegen und pflegen

**Die Geschichte der Wiesen begann, als der Mensch anfing, größere Tiere wie Rinder und Pferde im Stall zu halten. Durch Verbote der Waldweidenutzung und die Zunahme der Milchviehwirtschaft setzten sich als Unternutzung der Obstbäume bzw. als Futterlieferanten vermehrt Wiesen durch. Ehemalige Baumäcker wurden zu Mähwiesen.**

## Artenreiche Blumenwiese

Im allgemeinen Sprachgebrauch umfasst das Wort Wiese oft sämtliches Grünland, was Trockenrasen, Weiden, Feuchtwiesen und auch Wirtschaftswiesen umfasst. Sie alle unterscheiden sich durch unterschiedliche Standortbedingungen, ihre Nutzung oder Pflanzenzusammensetzung. Im eigentlichen Sinne ist eine Wiese ein regelmäßig geschnittener Pflanzenbestand aus langlebigen Pflanzenarten, Gräsern und Blütenstauden von mehr oder weniger hohem Futterwert. Schon aus dieser recht groben Beschreibung lässt sich ableiten, dass der Begriff Wiese immer noch ein breites Spektrum umfasst. Dieses reicht von der extensiven bis zur intensiven Nutzung und vom trockenen bis zum feuchten Standort.

### Blumenwiese oder Blühmischung?

Häufig wird das klassische Landschaftselement Blumenwiese als artenreiches Grünland mit den weitverbreiteten Blühmischungen verwechselt. Blühmischungen wie die bekannte „Mössinger Mischung" haben diese Aussaaten insbesondere im öffentlichen Grün bundesweit bekanntgemacht. Allerdings bestehen diese Aussaatmischungen hauptsächlich aus einjährigen und zweijährigen Blütenpflanzen und haben häufig einen hohen Anteil gebietsfremder Arten. Dies bedeutet, dass bereits nach relativ kurzer Zeit die Selbstaussaat einiger Arten stark nachlässt, der Bestand lückig und vermehrt von verdrängungsstarken Konkurrenten wie Löwenzahn, Wegerich, Disteln, Quecken und Ackerwinden überwuchert wird. Die Folge ist, dass diese Mischungen jedes Jahr neu ausgesät werden müssen, was einen hohen Arbeitsaufwand bedeutet.

Im Gegensatz dazu ist eine artenreiche Blumenwiese eine Mischung aus langlebigen Blütenstauden, Gräsern sowie ein- und zweijährigen Blütenpflanzen. Bei richtiger Pflege bleibt der Bestand in seiner Zusammensetzung mehr oder weniger konstant und eine regelmäßige Nach- oder Neuansaat ist nicht notwendig. Die Artenzusammensetzung dieser Pflanzengemeinschaften hängt aber neben der Nutzung auch von verschiedenen Standortverhältnissen ab. Klima und Kleinklima haben ebenso eine Bedeutung wie Bodenart und Nährstoffzusammensetzung. Auch der pH-Wert des Bodens (Kalkgehalt) hat großen Einfluss auf den Bewuchs. So können auf sauren Böden die Pflanzen einige wichtige Nährstoffe im Boden schlechter erschließen als auf kalkhaltigen Standorten. Auf sauren Standorten, z. B. im Schwarzwald, sind deshalb andere Arten zu finden als auf den kalkhaltigen Böden der Schwäbischen Alb.

Der begrenzende Faktor bei den Nährstoffen ist in erster Linie der Stickstoff (N).

Stickstoff fördert das Blatt- und Wurzelwachstum. Sogenannte Stickstoffanzeiger können diesen besonders gut verwerten und sehr schnell und kräftig wachsen. Durch ihre nährstoffbedingte Ausdehnung sind sie in der Lage, andere Standort-Mitbewerber zu verdrängen und die Artenvielfalt nimmt ab. Typische Stickstoffanzeiger sind zum Beispiel Löwenzahn, Wiesenstorchschnabel, Wiesenbärenklau und Wiesenkerbel. Sogenannte Magerkeitszeiger kommen auch mit nährstoffarmen Standorten zurecht und sind nur richtig konkurrenzfähig, wenn der Boden nicht zu viel Stickstoff enthält. Zu ihren Vertretern gehören Margerite, Klappertopf, Gänseblümchen, Schafgarbe und andere.

## Ökologische Wertigkeit

Neben der Verschönerung des Landschaftsbildes erfüllt eine extensiv genutzte Blumenwiese zahlreiche ökologische Funktionen. Durch die hohe Artenvielfalt trägt sie zur Erhaltung auch seltener Pflanzen bei, gleichzeitig bietet sie durch ihre Vielfältigkeit unzähligen Tieren eine Lebens- und Nahrungsgrundlage.

Die folgende Aufzählung gibt Ihnen einen kleinen Überblick über die zahlreichen und artenreichen Bewohner einer blütenbunten Wiese, wobei nicht zwischen Nützlingen und Schädlingen unterschieden, sondern die Gesamtheit ohne gartenbauliche Wertung betrachtet wurde.

*Eine artenreiche Blumenwiese besteht aus Gräsern, Wildstauden und ein- sowie zweijährigen Blütenpflanzen. Auf nährstoffärmeren Standorten ist die Pflanzenvielfalt höher.*

| | |
|---|---|
| **Insekten** | Käfer, Schmetterlinge, Wanzen, Zikaden, Heuschrecken, Bienen, Wespen, Hummeln, Ameisen, Fliegen usw. |
| **Gliedertiere** | Hundertfüßer, Tausendfüßer, Asseln |
| **Spinnentiere** | Kreuzspinnen, Weberknechte, Zecken etc. |
| **Wiesenbrütende Vögel** | Wiesenpieper, Braunkehlchen, Feldlerche, Rebhuhn |
| **Säugetiere** | Maulwurf, Spitzmaus, Schermaus, Feldhase, Feldhamster, Igel, Wiesel, Fuchs u. v. m. |
| **Amphibien und Reptilien** | Zauneidechse, Laubfrosch, Blindschleiche, Erdkröte |

Der Artenreichtum der bunt blühenden Wiesen hängt von vielen Standortfaktoren und der Nutzung ab. Als wahre Hotspots für verschiedene Pflanzenarten ermöglichen sie ein ebenso vielfältiges Insektenvorkommen. Insekten wiederum bilden die Nahrungsgrundlage ganz unterschiedlicher Vogelarten und Amphibien. Halboffene Landschaften mit artenreichem Grünland bieten einen einzigartigen Insektenreichtum und wirken als wichtiger Gegenpol dem Insektensterben entgegen.

## Blumenwiese anlegen

Falls Ihre ererbte oder gekaufte Obstwiese nicht so artenreich oder blütenbunt ist, wie Sie erhofft haben und Sie gerne mehr Pflanzen und Tieren einen natürlichen Lebensraum anbieten würden, können Sie es grundsätzlich mit einer Neuaussaat versuchen. Die Neuanlage einer artenvielfältigen Blumenwiese auf relativ nährstoffreichen Böden ist allerdings nicht ganz einfach. Um hier das gewünschte Ziel zu erreichen, müssen Sie die Fläche konsequent abmagern und das Schnittgut regelmäßig abräumen.

*Der Wiesen-Salbei ist für blütenbesuchende Insekten wie Bienen, Hummeln und Schmetterlinge sehr attraktiv.*

Auch eine Einsaat von Gründüngungspflanzen wie z. B. *Phacelia* oder Ölrettich ist denkbar. Allerdings müssen Sie die entstandene Grünmasse dann nicht wie üblich einarbeiten, sondern komplett abräumen, um dem Boden die Nährstoffe zu entziehen. Das Einarbeiten von scharfem Flusssand kann ebenfalls zur Abmagerung beitragen.

Um nochmals Missverständnissen vorzubeugen: Ausgesäte Ackerwildkräutermischungen, die in der Hauptsache Klatschmohn, Kornblume und Ringelblumen enthalten, sind keine Blumenwiesen, obwohl sie umgangssprachlich häufig als solche bezeichnet werden. Diese Mischungen eignen sich zur Nützlings-Förderung im Garten. Sie verschwinden aber schnell wieder. Außerdem entspricht ihre Artenzusammensetzung nicht der Vielfalt einer Blumenwiese.

Zur Anlage (Aussaat) einer Blumenwiese eignet sich nur zertifiziertes Wildpflanzensaatgut. Der Verband deutscher Wildsamen- und Wildpflanzenproduzenten e. V. in Wetzlar-Münchholzhausen zeichnet für solche Zertifizierungen verantwortlich.

Firmen wie Rieger-Hofmann GmbH (www.rieger-hofmann.de) und Hof Berggarten GbR (www.hof-berggarten.de) oder Syringa (www.syringa-pflanzen.de) können neben anderen als Saatgutlieferanten genannt werden.

*Die Phacelia ist eine wertvolle Gründüngungspflanze und wie der weitere Name Bienenfreund sagt, eine wichtige Bienentrachtpflanze.*

## Aussaat

Bei der Aussaat gehen Sie im Prinzip so vor wie bei der Anlage eines Zierrasens. Vor dem Einsäen ist eine tiefere Bodenlockerung wichtig. Kleinere Flächen können Sie von Hand umgraben, bei größeren Flächen sollten Sie bei einem Landwirt nachfragen, der zum Beispiel mit einem Grubber die Fläche tiefenlockern kann. Besonders verdichtete Böden mit ungünstiger Struktur erschweren den Wiesenpflanzen eine tiefgründige Durchwurzelung. Diese ist aber Voraussetzung, dass sie auch trockene Perioden einigermaßen unbeschadet überstehen können. Wenn Sie keinen Landwirt mit entsprechend schwerem Gerät auftreiben, können Sie die Fläche auch fräsen. Allerdings zerstört häufigeres Fräsen die Bodenstruktur. Die weitere Bodenbearbeitung (Saatbeeterstellung) findet dann nur noch oberflächennah statt. Eine Feinbearbeitung mit Krail und Rechen zerkleinert größere Erdbrocken und recht diese ab, Steine müssen Sie ebenfalls entfernen.

Das A und O für eine erfolgreiche Aussaat ist ein feinkrümeliger Oberboden. Wellen und Senken, in denen das Wasser stehen bleiben kann, sollten Sie vermeiden und deshalb sorgfältig planieren. Wurzelunkräuter wie Quecken, Winden, Disteln und andere Arten entfernen Sie möglichst gründlich. Bevor Sie mit der Aussaat beginnen, sollten Sie nach der Bodenbearbeitung noch etwa 14 Tage warten. So kann sich das Gelände etwas setzen.

Da man für eine artenreiche Blumenwiese nur relativ wenig Saatgut (pro m² etwa 5–10 g) benötigt, ist die Aussaat keine leichte Aufgabe. Saatgutfirmen empfehlen, um die Menge zu strecken, eine Saathilfe wie Sand, Kleie oder feinere Sägespäne beizumischen. Auf Wunsch können diese Beimischungen auch mitgeliefert werden. Die Samen sollten keinesfalls tief in den Boden eingearbeitet werden, da dann z. B. Lichtkeimer ein Problem haben und nicht auskeimen können. Wenn überhaupt, sollten Sie die Samen nur ganz leicht einharken.

Grundsätzlich kann das ganze Jahr über ausgesät werden, wenn die Bodentemperatur ausreichend ist. Der beste Zeitpunkt jedoch ist in den Monaten April und Mai. Der Boden sollte oberflächlich abgetrocknet, aber nicht ausgetrocknet sein. Bei kleineren Flächen ist ein feines Gemüsevlies als Abdeckung optimal. Sie sollten aber darauf achten, dass die Keimlinge nicht ins Gewebe einwachsen, nicht dass Sie diese beim Abnehmen des Vlieses versehentlich ausreißen. Auch wird immer noch empfohlen, die Flächen zu walzen. Häufig wird der Oberboden dabei aber zu stark verdichtet, sodass sich die Keimdauer deutlich verlängert oder sogar verschlechtert. So sollten Sie besser nur schwach andrücken, um den gewünschten Bodenschluss herzustellen. Damit der eingesäte Boden in den folgenden Wochen nicht austrocknet, muss man ihn regelmäßig feucht halten aber nicht vernässen.

Im Boden schlummern häufig größere Mengen von schnell auflaufenden Unkrautsamen, die die gewünschten Aussaaten zügig überwuchern können. Daher empfehlen Fachleute nach der Aussaat einen sogenannten „Schröpfschnitt", der bei 7–8 cm Bestandshöhe durchgeführt werden sollte. Die erwünschten Pflanzen sind da noch klein und bilden erste Rosetten und die Unkräuter werden zurückgedrängt und am erneuten Aussäen gehindert. So erhält die Blumenwiese einen entscheidenden Wachstumsvorsprung und kann gedeihen. Der Schröpfschnitt sollte aber nicht tiefer als 5 cm erfolgen.

Wem das alles zu umständlich ist, der kann einen bereits fertigen Blumenwiesenrollrasen beziehen, der ebenfalls mit zertifiziertem Saatgut hergestellt wurde. So gelangt man natürlich schneller ans Ziel, allerdings muss man deutlich tiefer in die Tasche greifen.

Um die beschriebene Bodenvorbereitung kommt man dennoch nicht herum und muss diese ebenso sorgfältig durchführen. Und auch eines ist klar: Die Anlage einer artenreichen Blumenwiese ist nichts für Ungeduldige. Erste Erfolge zeigen sich erst nach etwa vier Wochen. Bis schließlich alle Samen aufgelaufen sind, vergeht eine ganze Vegetationsperiode. Für viele sehen die aufgelaufenen Aussaaten wie typisches Unkraut aus und man muss den Impuls unterdrücken, die ersten Erfolge wieder zu schnell abzuhacken.

## Mähen

Die Zusammensetzung einer Wiese wird in erster Linie vom Standort bestimmt. Arten, die besser in der Lage sind Nährstoffe (insbesondere Stickstoff) in Blattmasse umzusetzen, sind anderen Arten im Konkurrenzkampf überlegen und verdrängen diese. Man bezeichnet Wiesenbewohner mit solchen Verdrängungseigenschaften auch als Nährstoff- oder Stickstoffanzeiger. Typischer Vertreter ist der bereits genannte Löwenzahn. Auch die Zeigerpflanzen für magere Standorte, etwa Margerite oder Schafgarbe, wurden schon aufgelistet. Als ökologisch wertvoll gilt die früher weitverbreitete und heute nur noch selten anzutreffende, reich blühende Blumenwiese. Eine solche Wiese verfügt über eine große Artenvielfalt, die aber nur bei eingeschränktem Stickstoffangebot und nicht zu häufigem oder zu frühem Schnitt erhalten bleibt.

*Die Schnepfe sucht auf der frisch gemähten Wiese nach Insekten und Spinnen.*

Wie sieht nun die richtige Pflege einer artenreichen Blumenwiese aus? Wann und wie oft Sie mähen sollten, hängt davon ab, welche Bewohner Sie ansiedeln wollen. So mag der Steinkauz kurzrasige Flächen, die ihm die Jagd auf Feldmäuse erleichtert, für Bodenbrüter wie das Braunkehlchen ist ein zu früher Schnitt lebensbedrohlich, also sollte die Mahd erst nach Brutende erfolgen. Wiesenameisen bauen ihre Nester im hohen Gras. Wird die Wiese gemäht, wird das Ameisennest zerstört. Schachbrettfalter reagieren empfindlich auf überdüngte Bestände, auf Fettwiesen finden sie keinen idealen Lebensraum. Also was tun? Vielleicht sollten wir die Wissenschaft einfach Wissenschaft sein lassen und uns darauf besinnen, wie das die Bauern früher auch ohne wissenschaftlichen Hintergrund hinbekommen haben.

Der erste Schnitt findet zur Zeit der Vollblüte der Margerite oder der Gräser, etwa Ende Mai bis Mitte Juni statt (abhängig von der Klimaregion). Zu diesem Zeitpunkt haben die meisten Wiesenpflanzen noch keine Samen gebildet und müssen ein zweites Mal blühen. Der zweite Schnitt erfolgt erst, wenn die Samenproduktion weitgehend abgeschlossen ist, in der Regel also Mitte August. Nur auf natürlicherweise wüchsigen Standorten oder nach niederschlagsreichen Sommern können Sie in manchen Jahren noch einen dritten Schnitt – das sogenannte Herbstgras – im Oktober vornehmen.

Früher wurde das gemähte Gras regelmäßig zusammengerecht und als Heu bzw. Frischfutter an das Vieh verfüttert. Dadurch

*Bleibt das Schnittgut zum Trocknen liegen, ist genügend Zeit, damit sich verschiedene Wiesenblumen noch versamen können.*

wurden dem Boden mit der Zeit die Nährstoffe entzogen und es entstand – trotz geringer Nachdüngung – ein Abmagerungseffekt, der letztlich zu blütenbunten Wiesen führte, wie sie einst noch häufiger waren.

Aus ökologischer Sicht ist die Mahd, also der gleichzeitige Verlust der gesamten Blattmasse aller im Bestand vorhandenen Arten, allerdings auch ein starker Eingriff. Mit zunehmender Pflegeintensität (mehr als zwei Schnitte pro Jahr) nimmt die Artenzahl ebenso ab wie bei einem nährstoffreichen Standort. Allerdings führt eine Unterlassung der Pflege letztendlich ebenfalls zur Artenabnahme.

Auch die Wahl der Mähwerkzeuge hat einen nicht unerheblichen Einfluss auf die Tierwelt. In früheren Zeiten wurde abschnittsweise mit der Sense oder später mit dem Messerbalken am kleinen Traktor gemäht. Das war natürlich wesentlich verträglicher als die heute für größere Flächen üblichen Kreiselmähwerke. Kleintiere haben kaum mehr eine Chance, sich in Sicherheit zu bringen.

Das Mähen mit der Sense will jedoch gelernt sein. Sowohl das Schärfen (Dengeln) der Sense wie auch die Schnittführung erfordern viel Übung und fachliche Anleitung. Es gibt inzwischen verschiedene Obst- und Gartenbauvereine sowie Naturschutzvereinigungen, die Kurse und Seminare für das Mähen mit der Sense anbieten. Auch entsprechende Fachliteratur ist im Handel erhältlich. Wer die Obstwiesenpflege „sportlich“ sieht, für den kann das Thema „Mähen mit der Sense“ durchaus spannend sein.

Wer nicht mehr mit der Sense in Handarbeit mähen kann oder möchte, verwendet für kleinere Flächen am besten einen Balkenmäher bzw. ein Balkenmähgerät. Bei großen Flächen sind sogenannte Doppelmessermähwerke verträglicher als Kreiselmäher. Wichtig ist, dass die Schnitthöhe mindestens 7 cm beträgt.

## Mulchen

Da heute für die Viehfütterung in der Regel kein Wiesenschnitt oder Heu mehr verwendet wird, ist auch die Grünlandpflege – insbesondere bei Hanglagen – keine einfache Aufgabe und man findet bei größeren Flächen kaum noch einen Landwirt, der die Flächen mäht. Wenn Landwirte die Grünlandpflege überhaupt übernehmen, dann werden die Flächen in der Regel gemulcht, d. h. das Gras wird geschnitten, zerkleinert und auf der Fläche belassen. Durch den Mähschnitt mit gleichzeitiger Zerkleinerung verringern sich die Überlebenschancen der vielfältigen Wiesenbewohner allerdings erheblich.

Wenn gemulcht werden soll, ist ein Sichelmäher für die Tierwelt etwas „verträglicher" als ein Schlegelmulcher. Da beim Mulchen das Gras nicht so hoch sein darf wie beim Mähen, sind – abhängig von der Niederschlagshäufigkeit und der Bodenart – drei bis vier Arbeitsgänge im Jahr notwendig. Diese Schnitthäufigkeit wirkt sich ebenfalls negativ auf die Artenvielfalt aus. Trotz allem ist ein drei- bis viermaliges Mulchen der Wiese besser als sie gar nicht zu bewirtschaften. Unterbleibt die Unterwuchspflege, siedeln sich sehr bald Gehölze an und die Verbuschung beginnt. Man darf nicht vergessen, dass unsere Obstgehölze Kulturpflanzen sind und sich gegen Strauch – und letztlich Baumkonkurrenz – nicht durchsetzen können. Lichtmangel und Nährstoffkonkurrenz führen sehr bald zu Wachstumseinbußen, Pflanzenkrankheiten und letztlich zum Absterben.

*Das Mähen der Wiese ist immer ein Eingriff, der Tiere und Insekten stört. Rehkitze suchen Schutz im hohen Gras und sind somit gefährdet von Schnittwerkzeugen verletzt oder getötet zu werden.*

Das Mulchen bringt Bodenpflege und Pflanzenernährung viel Gutes: Das liegen gebliebene zerkleinerte Schnittgut verrottet und verbessert so den Humusgehalt. Dies wiederum wirkt sich positiv auf die Bodenstruktur und ihre Lebewesen, auf den Wasserhaushalt und das Nährstoffangebot aus. Auf diesen besseren Böden wachsen die Obstbäume vitaler und gesünder als auf typischen Magerstandorten, die für sie nicht wirklich zuträglich sind. Im Gegenteil muss auf Wiesen, die über Jahrzehnte abmagern, weil das Schnittgut sofort nach dem Mähen abgeräumt wird, eine regelmäßige Düngung der Obstbäume erwogen werden. So stehen sich Baumgesundheit und Erhaltung der Artenvielfalt des Grünlands mitunter im Weg.

Wo möglich, kann entlang der Baumreihen bzw. um die Bäume herum drei- bis viermal im Jahr gemulcht werden, während zwischen den Baumreihen eine zweimalige Mahd mit Entfernen des Schnittguts erfolgen kann. Durch dieses „Mahdmosaik" bleibt dann immer eine Rückzugsmöglichkeit für Insekten, da nie die ganze Fläche auf einmal abgeschnitten wird. Auch hilft das knapp vor der Ernte kurz gehaltene Gras beim Finden und Auflesen der Äpfel. Zudem

*Insbesondere die Wanderschäferei ist zur Grünlandpflege gut geeignet. Leider gibt es immer weniger Schäfer, die mit ihrer Herde umherziehen.*

verhindert es, dass höhere Altgrasbestände um die Stämme herum über Herbst und Winter stehen bleiben. Dies könnte sonst Wühl- und Feldmäuse anlocken, die einen erheblichen Schaden anrichten.

## Beweiden

Sie werden sich jetzt vielleicht fragen: Wenn Mulchen eine Möglichkeiten der Grünlandpflege darstellt, könnte evtl. eine Beweidung mit Tieren eine ernstzunehmende Alternative sein? Obstwiesen zu beweiden ist durchaus üblich. Eine baumverträgliche Beweidung von Obstwiesen hängt maßgeblich von der Tierart, der Verweildauer, der Besatzdichte und dem Schutz der Bäume vor Fraßschäden ab.

An den Bäumen selbst werden zwar Blätter, Früchte und Zweige bis in die, von den Tieren erreichbare Höhe abgefressen, größere Schäden – besonders an jüngeren Bäumen – entstehen aber erst durch das Abnagen der Rinde und das Scheuern großer Tiere an den Stämmen. Immer wieder werden auf diese Art selbst ältere Bäume zum Absterben gebracht! Deshalb brauchen Sie bei Beweidung stabile und großzügig angelegte Schutzvorrichtungen für Ihre Bäume. Hierfür müssen Sie in einem Abstand von mindestens 50 cm vom Stamm drei Pfähle einschlagen und durch Latten oder Bretter zu einem Dreibock verbinden. An diesem wird bis zu einer Höhe von 1,6–1,8 m ein stabiler Maschendraht angebracht. Besonders bei jüngeren Obstbäumen sollten Sie darauf achten, dass trotz dieser notwendigen Schutzvorrichtungen das Anlegen einer Baumscheibe (Bodenpflege direkt um den Stamm herum) und eine Stammpflege –

zum Beispiel ein Weißanstrich gegen Frostrisse – gewährleistet ist.

Bei schweren Weidetieren wie beispielsweise Kühen entstehen unerwünschte Bodenverdichtungen, da die Tiere um die Bäume herum den größten Schatten suchen und auch finden. Bodenverdichtungen schaden dem Obstbaum und führen neben einer selektiven Beweidung zu einer Veränderung der Artenzusammensetzung des Grünlands. Bei Hanglagen kann es zusätzlich zu Erosionsschäden kommen.

Besonders starke Schäden an der Grasnarbe entstehen, wenn die Weidetiere auch im Winter auf enger Fläche im Freien gehalten werden. Das lässt den Schluss zu, dass eine dauerhafte Beweidung durch schwere Tiere wie Kühe oder Pferde trotz Weideschutz an den Bäumen nicht optimal ist. Besonders Pferde beeinflussen als Raufutterfresser die Artenzusammensetzung der Wiese deutlich. Selbst ältere Bäume werden von Pferden durch totales Abnagen der Rinde am Stamm zum Absterben gebracht, wenn der Verbissschutz marode ist oder Lücken aufweist.

Generell sind Schafe zur Beweidung von Obstwiesen besser geeignet. Allerdings verursacht auch die Koppelschafhaltung mit längeren Standzeiten oder zu vielen Tieren auf der Fläche aus den genannten Gründen auf Dauer die typischen Bodenverdichtungen. Sobald sich Früchte ausbilden, werden diese, falls erreichbar, gefressen. Wesentlich schonender ist die sogenannte Wanderschäferei, doch genügt ein Durchtrieb im Frühjahr und im Herbst alleine nicht, um den Unterwuchs kurz zu halten.

Besonders an steilen Hängen, an denen die Arbeit mit Maschinen beschwerlich ist, kann eine Schafbeweidung allerdings wieder in den Fokus rücken. Schon längere Zeit hat man in Christbaumkulturen Beweidungsversuche durchgeführt und auf eine in England beheimatete Rasse, die sogenannten Shropshireschafe, gesetzt. Schafe sind zwar überwiegend Grasfresser, fressen aber auch gerne Laub und neigen dazu, die Rinde junger Bäume anzufressen. Dieses Verhalten soll bei Shropshireschafen genetisch verankert nicht vorhanden sein, was sie zur Beweidung unter Obstwiesen interessant machen könnte. Der Verbissschutz müsste also weniger aufwendig gebaut werden.

Vom Einsatz von Ziegen, die auch der Verbuschung durch Kleinsträucher entgegenwirken, ist abzuraten, da sie durch ihre Intelligenz und ihre Kletterkünste immer einen Weg finden, um an die Bäume zu gelangen.

Findet die Beweidung kurz vor der Obsternte statt, kann es durch den noch nicht verrotteten Kot der Tiere zu einem ernsten hygienischen Problem kommen, wenn die Bäume geschüttelt werden und die Früchte auf den Boden fallen. Deshalb sollten Sie etliche Wochen vor der Ernte mit der Beweidung pausieren und erst im Herbst, nach dem Auflesen der letzten Früchte, wieder damit anfangen.

### Fazit

Der Artenreichtum einer Blumenwiese ist von Standort, Nutzung, Grünlandpflege bzw. von der Art der Mähgeräte gleichermaßen abhängig. Der pflanzliche Artenreichtum in der Wiese führt zu einer Vielfalt von Insektenarten, denn Obstwiesen bilden gemeinsam mit ihrer halboffenen Landschaftsstruktur und ihrem artenreichen Grünland die Grundlage für einen bedeutenden Insektenreichtum. Das macht das einzigartige Biotop aus ökologischer Sicht so wertvoll. Besonders in Hanglagen kann die Beweidung eine praktikable Alternative darstellen. Der Aufenthalt der Tiere muss aber sehr gut organisiert und gut koordiniert werden und funktioniert nur mit einem stabilen Verbissschutz!

## Bienenweiden

In diesem Kapitel möchten wir auf die Bestäubungsleistung der Bienen aufmerksam machen. Sie ist im Obst- und Gartenbau essenziell wichtig.

Auch wenn die Bestäubung durch Wildbienen vielleicht nicht gleich auffällt, tragen sie dennoch maßgeblich zur Bestäubungsleistung der Blütenpflanzen bei. Man unterscheidet sogenannte Solitärbienen von staatenbildenden Vertretern wie der Honigbiene und Hummelarten. Solitärbienen leben in der Regel einzeln und benutzen verschiedene, in der Natur vorkommende Lebensräume wie Spalten und Risse bis hin zu Holzkäfer-Bohrlöchern und sogar leeren Schneckenhäusern.

Insbesondere Hummeln oder Wildbienen wie die Gehörnte und die Rote Mauerbiene sind wichtige Partner für den Obstanbau. Mauerbienen fliegen bereits, wenn es für die Honigbiene noch zu kalt ist. Dies ist bei kühler Witterung während der Obstbaumblüte von großer Bedeutung. Da der Flugradius von Mauerbienen geringer ist, fliegen sie in einem näheren Umfeld zu ihrem Nest aus. So werden die Obstgehölze in der Nähe häufiger beflogen und der Befruchtungserfolg ist erhöht! Damit sind sie in der Bestäubungsleistung effektive „Unterstützer" der Honigbienen.

Zur Fortpflanzung tragen die Weibchen Nektar und Blütenstaub in ihr Nest (Brutröhre) ein, legen ein Ei dazu und verschließen die Brutzelle. Die Bienenlarve ernährt

*Imker und Obstwiesenbewirtschafter sind ideale Partner in der Kulturlandschaftspflege.*

sich selbstständig von diesem Proviant und verlässt im darauffolgenden Frühjahr die Brutzelle. Ohne sichere Hohlräume aber können die Weibchen keine Kinderstuben einrichten. Durch die Veränderung der Landschaftsstruktur finden Bienen und Wildbienen immer weniger Nahrungsquellen, und typische, natürliche Brut- und Überwinterungsplätze sind zunehmend rar. Unsere Obstwiesen können einen entscheidenden Beitrag zum Erhalt dieser Insekten leisten. Die Obstbaumblüte und die blühenden Wiesen sind wichtige Nahrungsquellen und Totholzbereiche bieten einen wertvollen Lebensraum.

Durch geeignete „künstliche" Nisthilfen in Obstwiesen können Mauerbienen dort angesiedelt werden, wo man ihre Bestäubungsleistung schätzt.

Passende Nisthilfen können Sie für Mauerbienen ohne größeren Aufwand selbst herstellen, indem Sie in Hartholzblöcke quer zur Maserung Löcher bohren. Man verwendet dazu abgelagertes Hartholz (Buche, Eiche, Obstbäume), das nicht mit Holzschutzmitteln behandelt sein darf. In das beliebig große Holzstück, das aber eine Tiefe von mindestens 10 cm haben sollte, werden Gänge von 3, 4, 6, 8 und 10 mm Durchmesser gebohrt. Die Bohrtiefe hängt dabei von der Bohrerlänge ab, die Sie ganz nutzen sollten. Die Bohrdurchmesser von 3 bis 6 mm sollten zahlenmäßig überwiegen, da diese am häufigsten angenommen werden. Um Risse entlang der Niströhren zu vermeiden, sollte zwischen den einzelnen Bohrgängen über 4 mm Durchmesser ein Abstand von etwa 2 cm eingehalten werden. Die querstehenden Fasern an den Lochöffnungen müssen Sie mit Schmirgelpapier ganz beseitigen und das Bohrmehl aus den Gängen ausklopfen.

Weiche Nadelhölzer wie Fichte oder Tanne sind ungeeignet, da bei diesen Holzarten die Bohrlöcher stark ausfransen und sie dann nicht besiedelt werden. Die Nisthilfen hängen Sie am besten an einer sonnigen Stelle nach Südosten ausgerichtet auf – und nicht in der Luft baumeln lassen, sondern an einer stabilen Rückwand nicht zu tief (Mindesthöhe 1 m) befestigen. Die Bohrgänge sollten möglichst waagerecht und frei anzufliegen sein (kein Geäst oder Blätter als Barriere). Feuchtigkeit ist wegen möglicher Verpilzung der Larven zu vermeiden, weshalb ein kleines Dach über der Nistmöglichkeit hilfreich ist. Die Vorderfront sollten Sie in einem Abstand von etwa 8 cm zu den Nisthilfen mit Drahtgitter (Maschenweite etwa 2,5 cm) gegen Vögel – vor allem Spechte – sichern.

Doch nicht immer gelingt der Bau von Nistmöglichkeiten und der gewünschte Erfolg bleibt aus. Darüber hinaus sind oftmals viele fertig angebotene „Wildbienenhotels" nicht optimal konstruiert und erfüllen nicht ihren Zweck. Empfehlenswerte Nisthilfen können Sie inzwischen bei Einrichtungen wie dem Naturschutzcenter in Stuttgart (www.naturschutzcenter.de) käuflich erwerben oder übers Internet beim BUND (www.bundladen.de) beziehen.

Erdhummeln brauchen in der Regel keine Nisthilfen. Diese nehmen sie auch nur selten an, denn sie bevorzugen natürliche Erdlöcher, die beispielsweise von Mäusen gegraben wurden. Hummeln starten bereits bei sehr niederen Temperaturen (ab etwa 6 °C) mit ihrem Sammel- und Bestäubungsflug und sind deshalb besonders bei nasskaltem Wetter und für früh blühende Obstarten wie Kirsche, Birne und Zwetschge von Bedeutung.

Auch für die Honigbiene ist die Obstwiese wertvoll (und umgekehrt). Obstwiesen bieten durch die Blütenfülle der Bäume im April/Mai und durch die blühenden Wiesenblumen im Frühsommer eine erfreulich lange „Tracht". So nennt der Imker das Sammeln des Nektars durch seine fleißigen

*Die Bestäubungsleistung der Bienen ist in Obstwiesen nicht hoch genug einzuschätzen. Obsterträge und Fruchtqualität werden signifikant verbessert.*

Helferinnen. Da die Bienen als ganzer Staat mit etwa 8000–10 000 Tieren überwintern, sind schon früh im März sehr viele Einzeltiere unterwegs, was bei Temperaturen von etwa 15 °C zu einer schnellen und sicheren Bestäubung führt. In den Monaten April, Mai und Juni wächst das Bienenvolk auf bis zu 50 000 Tiere heran!

Im Gegensatz zur Streuobstwiese ist im freien Feld nur dann eine Honigernte zu erwarten, wenn Landwirte freiwillig Flächen stillgelegt und das Ackerland mit einer Blühmischung angesät haben. Da dieses durch Landes-Förderprogramme bezuschusst wird, findet man die Farbtupfer mit der lila blühenden *Phacelia*, Kornblumen, Ringelblumen und Sonnenblumen in letzter Zeit etwas häufiger.

Nach wie vor stellen Imker ihre Bienenvölker am liebsten in Obstwiesen auf. Hier bekommen Imker ihren gewünschten Honigertrag und der Baumbesitzer im Gegenzug sein wohlschmeckendes Lieblingsobst. Für beide Seiten ein Gewinn!

# Baumgesundheit

Unabhängig davon, ob Sie bereits stolzer Besitzer einer Obstbaumwiese sind oder demnächst eine solche übernehmen möchten, die Beurteilung des Gesundheitszustandes der Obstbäume ist ein wichtiges Thema. Denn: Nur von gesunden Bäumen kann man aromatische Früchte ernten und nur aus gesunden Bäumen mit vitalem Wachstum wird im Alter ein wertvoller Habitatbaum.

## Beurteilung der Vitalität

Bei Übernahme eines Grundstückes sollten Sie den Gesundheitszustand der Bäume beurteilen. Schauen Sie sich dabei zunächst den Stamm und die Starkäste an. Weisen diese Höhlungen, nicht verschlossene Schnittwunden oder Baumpilze auf, ist der Baum vermutlich schon von holzzerstörenden Pilzen befallen. Alles deutet darauf hin, dass Pilzsporen bereits vor langer Zeit eindringen konnten und den Obstbaum nun nach und nach zum Absterben bringen. Oft sind ältere Bäume aufgrund dieses Befalls

*Eine gepflegte Obstwiese: Der Triebzuwachs und die Blattfarbe vermitteln einen ersten Eindruck, wie es um die Vitalität der eigenen Obstbäume steht.*

*Gesundes Laub während der gesamten Vegetation ist die Voraussetzung für vitales Wachstum und anhaltende Fruchtbarkeit des Obstbaumes.*

innen bereits hohl. Solange die Restwandstärke aber noch dick genug ist, kann der Baum weiterhin viele Jahre stehen bleiben. Doch irgendwann passiert es, dass er wegen seiner großen Windangriffsfläche im vollbelaubten Zustand auseinandergerissen wird – beispielsweise bei einem Gewittersturm im Hochsommer.

Äußerliche Beschädigungen der Rinde vor allem am Stammgrund weisen auf frühere Anfahrschäden durch landwirtschaftliche Mähgeräte hin. Solche Schäden sind ebenfalls Eintrittspforten für Pilze, gegen die Sie aber nichts mehr unternehmen können. Viele dünne abgestorbene Zweige in der Krone sind ein Zeichen von länger währendem Lichtmangel und vorherrschend bei Bäumen zu entdecken, die mangels Schnitt stark überbaut sind. Abgestorbene Zweige können aber auch ein Hinweis auf einen Befall mit Obstbaumkrebs oder Mehltau sein. Mehr dazu im Kapitel Krankheiten und Schädlinge, Seite 87.

Den allgemeinen Vitalitätszustand Ihrer Bäume können Sie am besten im Sommer ablesen, etwa an der Länge der Triebzuwächse, an der Größe und Farbe der Blätter. Gesunde junge Bäume weisen zumindest im oberen Kronendrittel viele vegetative Langtriebe mit 30–60 cm Länge auf. Das ist normal, da der Jungbaum ja noch wachsen soll und seine Krone aufbaut. Ausgewachsene Bäume (etwa ab dem 20. Standjahr) weisen normalerweise keine senkrechten Langtriebe mehr auf, aber es sollten im Fruchtholzbereich immer noch Jahreszuwächse von 10–30 cm zu finden sein. Liegen die Zuwächse nur noch im Millimeterbereich, spricht man von einem vergreisten Baum, der bereits in der Alters- und Absterbephase ist. Ist dies der Fall, können Sie mit einem Vitalisierungsschnitt das Baumleben noch um einige Jahre verlängern.

Wüchsige und gesunde Bäume haben normal große, saftig grüne Blätter, die weder Flecken noch sonstige Verfärbungen

zeigen. Bei alten Bäumen, mangelhafter Düngung, Hitze- und Trockenheitsstress bleiben die Blätter deutlich kleiner und sind hellgrün bis gelblich gefärbt. Sie wirken matt und leblos und sind manchmal an den Blatträndern nach unten gebogen oder sogar eingerollt, um die Verdunstungsfläche zu verringern. Durch eine angepasste Düngung im Frühjahr, ein kräftiges, bedarfsorientiertes Wässern im Sommer und einen etwas kräftigeren Rückschnitt im nächsten Winter erholen sich solche Bäume jedoch erstaunlich schnell.

Sind viele Blätter angefressen oder haben Löcher, können Sie auf einen Raupenfraß (Frostspanner) schließen. Sich krümmende Triebe und gekräuselte Blätter weisen auf Lauskolonien hin. Meist sind dort auch viele Ameisen zu finden, die die Läuse von Ast zu Ast weitertragen und vor Fressfeinden schützen und dafür mit Zuckersaft entlohnt werden. Bei Altbäumen können Sie zur Schädlingsregulierung auf Nützlinge wie Marienkäfer, Florfliegenlarven oder Meisen setzen. Bei Jungbäumen in der Kronenaufbauphase müssen Sie dagegen rasch aktiv werden und die Läuse beseitigen, sonst verkrüppelt der Baum.

## Vorbeugende Maßnahmen

Wie im Kapitel über Nützlinge (Seite 94) beschrieben, kann die Ansiedlung von Marienkäfern, Ohrwürmern, Florfliegenlarven und Ähnlichem gezielt erfolgen. Durch Aufstellen von Sitzstangen schaffen Sie Greifvögeln einen Hochsitz, von dem aus sie die Mäusepopulation klein halten können. Ansonsten lässt sich durch einen regelmäßigen, angepassten Baumschnitt das physiologische Gleichgewicht erhalten. Wird der Baum überhaupt nicht geschnitten, schwächt ihn das genauso wie mangelhafte Ernährung und bringt ihn in die Alternanz.

Bei Neupflanzungen können Sie spätere Probleme im Vornhinein ausschließen, wenn Sie die Pflanzung wie im entsprechenden Kapitel (Seite 42) beschrieben vornehmen. Für Obstbäume gänzlich ungeeignete Flächen sind spätfrostgefährdete Senken, staunasse Böden oder sehr flachgründige Standorte. Trotz Bodenverbesserungsmaßnahmen könnte der Baum hier nie genügend Wasser und Nährstoffe aufnehmen, weil die Wurzeln nur wenige Zentimeter in den Untergrund eindringen können.

*Leimringe sind immer noch ein weitverbreitetes Mittel, um Frostspanner biologisch zu bekämpfen. Das Aufhängen von Meisenkästen in Obstwiesen ist mindestens genauso effektiv.*

## Krankheiten und Schädlinge

Auch wenn Sie sich auf Ihrer Obstwiese wie im Paradies wähnen, so sind die Verhältnisse dort leider nicht immer himmlisch, d. h. Sie müssen stetig mit verschiedenen Krankheiten oder Schädlingen an den Obstbäumen rechnen. Zu den Krankheiten zählen vor allem pilzliche Infektionen sowie Viren oder Bakterien.

### Schorf

Beim Apfel ist vor allem der Schorfpilz problematisch. Dieser überwintert auf dem Falllaub und streut von Ende März bis Mitte Juni seine Wintersporen in die Luft. Diese können in die Oberfläche von Blättern und Früchten eindringen, sofern diese durch längere Blattnässephasen aufgeweicht sind. Es entstehen grauschwarze Sporenlager, die sogenannte Sommersporen ausstoßen, welche weitere Infektionen auslösen.

Die Flecken sind dabei nur Schönheitsfehler. Bedrohlich an dieser Krankheit ist, dass infizierte Früchte aufreißen können und dann vorzeitig abfallen. Schorf kann eine ganze Ernte komplett vernichten, doch scheidet in der naturnahen Obstwiese eine Behandlung aus. Aus ökologischen Gründen sollten sowieso nur schorfrobuste Sorten gepflanzt werden. Seit den 1990er-Jahren gibt es eine ganze Reihe von brauchbaren schorfresistenten Sorten wie beispielsweise 'Florina', 'Topaz' oder 'Rubinola'. Leider wurde diese Resistenz durch nochmals aggressivere Schorfrassen inzwischen in vielen Gebieten Europas durchbrochen.

Die Suche nach neuen dauerhaft schorfstabilen Sorten geht aber weiter. Ein paar interessante Meldungen über dementsprechende Apfelsorten liegen bereits vor.

*Die Schorfanfälligkeit ist standort- und sortenabhängig. Sind bereits die jungen Früchte befallen, kann man keine gute Fruchtqualität mehr erwarten.*

*Der Moniliapilz infiziert insbesondere über die Blüte und der ganze Trieb stirbt ab. In trockenen Blühperioden ist der Befall weit geringer als in regnerischen.*

## Mehltau

Bei empfindlichen Sorten wie 'Ontario', 'Jonathan' oder 'Idared' löst diese Wärme liebende Pilzkrankheit das Absterben von Triebspitzen aus. Bei Befall sind diese mit einem weißen, mehligen Belag überzogen, der in warmen Sommertagen und taureichen Sommernächten auch die neuen Knospen infiziert, in denen der Pilz dann überwintert. Im nächsten Jahr bringt dieser die Spitzen der Triebe erneut zum Absterben. Gegen Mehltau hilft nur mehrmaliges konsequentes Ausschneiden der befallenen Triebspitzen.

## Monilia-Spitzentüre und -Fruchtfäule

Dieser Pilz tritt besonders bei Kirschen, aber auch bei Apfel- und Zwetschgenbäumen bei nasser Witterung auf. Er dringt über die geöffnete Blüte ein und bringt einen Teil des Triebes zum Absterben. Sie können diese Infektionsstellen zwar fortlaufend wegschneiden, aber dadurch verringert sich auch der fruchttragende Teil des Baumes immer mehr. Für diesen Pilz empfindliche Sorten sollten Sie deshalb meiden. Die Sporen desselben Pilzes verursachen bei der Ernte ein rasches Faulen der Früchte. Dies kann in feuchtwarmen Jahren bis zum Totalverlust der Ernte führen. Grundsätzlich sollten Sie für eine lockere, luftige Krone sorgen, die schnell abtrocknen kann. In Folge von übertrieben starkem Schnitt entstehen viele stark wachsende Neutriebe, die für diese Krankheit besonders anfällig sind.

## Obstbaumkrebs

Dieser Pilz dringt im Winterhalbjahr in Schnittwunden oder Frostrisse ein und verursacht ein wulstiges Wuchern und Absterben des Gewebes. Die Infektionsstelle breitet sich ringförmig aus und umfasst schließlich den ganzen Ast oder Stamm, der daraufhin oberhalb der infizierten Stelle abstirbt. Bei stärkeren Ästen oder am Stamm müssen Sie die Infektionsstelle mit der Hippe (gebogenes Messer) sorgfältig und ausreichend weit ausschneiden. Meiden Sie nasse Standorte und anfällige Sorten. Auch ein regelmäßiger fachgerechter Schnitt reduziert die Infektionsquellen. Schnittwunden im Sommer sind weniger anfällig für Infektionen.

*Auch der Obstbaumkrebs ist eine Pilzkrankheit, für die einige Sorten anfälliger sind.*

## Birnengitterrost

Im Sommer zeigen sich auf den Blättern an der Oberseite auffällige orangerote Flecken. An der Blattunterseite bilden sich beulenartige Wölbungen, die gitterartig aufreißen und die rostfarbigen Sporen ausschleudern (daher der Name). Dieser Pilz ist wirtswechselnd, d. h. nach einer Infektion der Birne im Sommerhalbjahr wechselt er auf das Holz bestimmter Zier-Wacholderarten. Ein Altbaum verträgt bis zu drei Flecken pro Blatt. Ein Jungbaum hingegen leidet bereits bei nur einem Rostfleck je Blatt. Die Entfernung des Winterwirtes Wacholder bringt leider nicht immer den gewünschten Erfolg, da die Sporen kilometerweit fliegen können. Bei starkem Infektionsdruck sollten Sie die empfindlichen Jungbäume und Sorten evtl. vorbeugend mit einem zugelassenen Fungizid (Pilzmittel) schützen. Bei Altbäumen ist dies nicht mehr möglich und nötig.

*Der Birnengitterrost ist ein wirtswechselnder Pilz, dessen Sporen sehr weite Entfernungen überwinden können. Im Sommer ist er auf der Birne zu finden und im Winter auf Wacholderarten.*

## Feuerbrand

Während der Kernobstblüte kann dieses aus Amerika eingeschleppte Bakterium in die Blüte eindringen. Sie stirbt ab und die Infektion schreitet weiter in Richtung Stark-

*Feuerbrand: Diese Bakterienkrankheit ist eine ernstzunehmende Krankheit, die nur durch rechtzeitiges Ausschneiden und Pflanzenhygiene eingedämmt werden kann. Sie befällt alle kernhausbildenden Rosengewächse.*

*Pseudomonas ist ebenfalls eine Bakteriose, die über größere Schnittwunden und Frostrisse ihren Weg in den Baum sucht. Steinobst wie Kirschen und Zwetschgen werden bevorzugt befallen.*

äste und Stamm voran. Innerhalb weniger Wochen kann der ganze Baum absterben. Charakteristisch ist neben den abgestorbenen, schwarzbraun verfärbten Blättern auch die krückstockartige Verformung der frisch befallenen jungen krautigen Triebe. Der empfohlene Rückschnitt (30–50 cm ins gesunde Holz) kann nur bei jungen Bäumen gemacht werden. Bei großkronigen Bäumen ist es nicht möglich, alle Befallsstellen zu finden und auch zu erreichen. Meist überleben alte Bäume selbst einen starken Befall, verlieren dabei aber große Teile ihrer Krone und können sich in den Folgejahren wieder erholen. Die Altersresistenz gegen Feuerbrand ist sortenabhängig unterschiedlich ausgeprägt.

Aber Vorsicht mit der Diagnose: Feuerbrand wird sehr häufig mit Monilia und bei der Birne mit der Birnentriebwespe verwechselt, welche auch krückstockartig verkrümmte Triebspitzen verursachen können. Die Unterscheidung wird am besten von einer Fachperson vorgenommen. Beugen Sie Infektionen vor, indem Sie regelmäßig alle Schnittwerkzeuge – am besten mit 70 %igem Alkohol – desinfizieren!

## Pseudomonas

Besonders bei Kirschen und Zwetschgen dringt dieses Bakterium im Winter über Frostrisse in den Stamm und in starke Äste ein. Im Frühsommer welkt das Laub plötzlich innerhalb weniger Wochen und der ganze Baum stirbt schlagartig ab. Doch sind die Bäume unterschiedlich anfällig. Zur Vermeidung von Frostrissen wird das Weißeln der Stämme von jungen Bäumen empfohlen – am besten im Winter, bevor im Februar durch die kräftiger werdende Sonne der Stamm zu stark erwärmt wird und aufreißt. Die weiße Farbe reflektiert das wärmende Sonnenlicht, sodass die Temperaturunterschiede zwischen der besonnten Vorderseite und der evtl. noch gefrorenen Rückseite nicht so groß sind. Verwenden Sie zum Weißeln z. B. lösungsmittelfreie Dispersionsfarbe. Stark befallene Bäume sollten Sie roden und durch weniger anfällige Sorten ersetzen. Auch sollten Sie beim Steinobst – besonders bei Kirschen und Aprikosen – die Schnittmaßnahmen niemals im Winter sondern nur im belaubten Zustand durchführen. Ganz wichtig: Schnittwerkzeuge desinfizieren!!

### Birnenverfall (Pear Decline)

Wenn alte, ehedem prächtige, dichte, sattgrüne Birnenbäume plötzlich immer lichtere Kronen bekommen, durch die man problemlos hindurchschauen kann, und wenn ihre Blätter von Jahr zu Jahr kleiner und heller erscheinen und sich bereits im August leuchtend rot färben, ist der häufige Grund der sogenannte Birnenverfall, der in Fachkreisen Pear Decline genannt wird. Diese Krankheit wird durch eine bestimmte Art von zellwandlosen Bakterien (Phytoplasmosen) verursacht, die durch den Birnenblattsauger übertragen werden. Diese Phytoplasmosen sind den Sommer über in der Baumkrone und wandern im Herbst/Winter in die Wurzel. Dabei verstopfen sie im Bereich der Veredelungsstelle nach und nach die Leitungsbahnen. Deshalb wird der Baum von Jahr zu Jahr schlechter mit Nährstoffen und Wasser versorgt. Doch es kann bis zu zehn oder zwanzig Jahre dauern, bis der Baum letztendlich langsam und schleichend abstirbt.

Bislang gibt es gegen diese Krankheit keine Bekämpfungsmöglichkeit. Es wird zurzeit geforscht, ob das Einsägen der Veredelungsstelle neue, nicht verstopfte Leitungsbahnen zum Wachsen anregt, oder ob man durch resistente Unterlagen zukünftig wieder zuverlässiger gesunde und langlebige Birnenbäume nachziehen kann. Der Birnenverfall ist ein ernstes Problem, da derzeit unsere Obstwiesen durch den Verlust vieler großer, landschaftsprägender Mostbirnenbäume an Attraktivität verlieren.

### Laubholzmistel

Die Laubholzmistel ist in Obstwiesen, vor allem in ungepflegten Altbeständen, ein ernstzunehmendes Problem. Von hier aus, aber auch von ausgedehnten Pappelbeständen (z. B. im Rheintal) erfolgt häufig die weitere Verbreitung. Um diese deutlich einzudämmen, sollten Sie befallene Obstbäume gezielt von den Misteln befreien. Misteln schwächen die Bäume sehr stark und erhöhen die Gefahr von Sturmschäden oder durch Schneebruch.

Wollen Sie einzelne ältere Misteln aus Ihren Bäumen restlos entfernen, kommen Sie um einen radikalen fachgerechten Rückschnitt ins Starkholz nicht herum. Entgegen falscher Gerüchte sind heimische Misteln nach Bundes- und Landesrecht nicht besonders geschützt. Sie können grundsätzlich entfernt werden, was in ungepflegten Obstwiesenbeständen oft dringend notwendig erscheint. Ein regelmäßiger, jährlicher Obstbaumschnitt, der die unerwünschte Mitbewohnerin entfernt, schwächt die Mistel und vitalisiert den Baum.

Ergänzend sei darauf hingewiesen, dass das Sammeln von wild wachsenden Pflanzen (und Tieren) für den Handel und für gewerbliche Zwecke (hier: Verkauf auf dem Weihnachtsmarkt) der Erlaubnis der zuständigen Unteren Naturschutzbehörde bedarf.

### Blattläuse

Läuse saugen bevorzugt an weichen Blättern und Trieben, weshalb eine zu starke Stickstoffdüngung und ein zu scharfer Schnitt sie fördert. Durch ihre explosionsartige Vermehrung können die saugenden Schädlinge einen Baum schwächen. Bei jungen Bäumen zeigen sich folgende Symptome: Die jungen Triebe krümmen sich und bilden nicht mehr die gewünschten geraden und gesunden Leitäste, die für den Baumaufbau dringend notwendig wären.

Solange Nützlinge (siehe Nützlingsförderung, Seite 94) nicht ausreichend vorhanden sind, müssen Sie notfalls mit Pflanzenschutzmaßnahmen nachhelfen. Es gibt sehr erfolgreiche Mittel auf biologischer Basis (z. B. Neem-Produkte) – die aktuellen gesetzlichen Zulassungs- und Anwendungsvorschriften sollten Sie unbedingt beachten. Bei kleineren Befallsstellen reicht oft auch schon das Zerdrücken der Lauskolonie mit dem Daumen. Beim Altbaum können Sie einen Läusebefall tolerieren und auf die Hilfe von Nützlingen bauen. Diese kommen zwar etwas verzögert, beseitigen dann aber umso nachhaltiger die Schädlinge.

## Frostspanner

Durch ihre katzenbuckelartige Fortbewegung sind die kleinen hellgrünen Raupen leicht erkennbar. Sie treten periodisch nur alle sechs bis acht Jahre in Massen auf. Sie können junge wie alte Bäume innerhalb weniger Wochen kahl fressen. Während Altbäume lediglich ihrer Blätter und Früchte beraubt sind und danach wieder neue Blätter austreiben, ist der Kahlfraß für junge Bäume meist tödlich. Sie verfügen nicht über ausreichende Reservestoffe, um noch einmal auszutreiben.

Die ungeflügelten Frostspanner-Weibchen wandern im Herbst nach den ersten Frostnächten (daher der Name) den Stamm hinauf. Sie werden unterwegs von den geflügelten Männchen begattet und legen in den Zweigen ihre Eier ab. Daraus schlüpfen im März die kleinen Raupen, die sofort mit ihrer Fraßtätigkeit beginnen.

Durch das rechtzeitige Anlegen von Leimringen im Herbst vor dem Frost versucht man, die Weibchen am Hochklettern zu hindern. Diese Ringe lassen sich sehr schwer dicht anbringen und müssen im

*Der Frostspanner tritt bereits früh im Jahr in Erscheinung und frisst bevorzugt frisch ausgetriebene Blätter. Starkbefall kann ganze Bäume entlauben.*

Februar wieder rechtzeitig entfernt werden, damit keine Nützlinge oder sogar Vögel daran kleben bleiben können.

In starken Befallsjahren lassen sich die Raupen mithilfe eines langen Spinnfadens durch die Luft bis zur Baumkrone treiben. In diesem Fall nutzt der Leimring natürlich wenig. Die gezielte Ansiedlung von Meisen bringt dagegen sehr viel, da diese kleinen Vögel unermüdlich Raupen zur Fütterung ihrer Jungtiere sammeln.

## Wühlmäuse

Vor allem an jungen Bäumen bis zum zehnten Standjahr können die unterirdisch lebenden Wühlmäuse, die im Winter die Wurzeln teilweise komplett abfressen, massiven Schaden anrichten. Die Obstbäume treiben zwar normal aus, sterben nach der Blüte aber schlagartig ab. Die Mäuse lassen sich weder mit Ultraschall oder Vibrationsgeräten, noch mit Knoblauch oder Wolfsmilchpflanzen vertreiben. Allein das Abfangen der Nager mittels Fallen schafft Abhilfe, ist aber gleichzeitig auch ein Geduldsspiel. Die schweizerische Falle „Topcat" funktioniert gut und ist leicht zu bedienen, aber nicht ganz billig.

Am sichersten fährt man, wenn der Jungbaum bereits in einen Drahtkorb (siehe Kapitel Pflanzung, Seite 51) gesetzt wird. Dieser schützt die Wurzel für etwa zehn Jahre. Danach frisst die Wühlmaus zwar noch einzelne Wurzeln ab, sie bringt den Baum aber nicht mehr zum Absterben.

Da Wühl- genauso wie Feldmäuse von hoch stehendem Gras magisch angezogen werden, sollten Sie besonders um den Stamm herum das Gras niedrig halten. Bei hohem Befall können Feldmäuse den jungen Stamm auch knapp über der Erde abnagen. Neben kurzem Gras hilft das Aufstellen von Sitzstangen, auf denen sich tagsüber der Bussard und nachts die Schleiereule auf die Lauer setzen können.

*Der sogenannte Apfelwickler ist der typische Wurm im Apfel. Pro Jahr entwickeln sich zwei bis drei Generationen. Die Früchte werden notreif und fallen vorzeitig vom Baum.*

## Apfelwickler

Die Larven dieses unscheinbaren Nachtfalters bohren sich im Juni in ihrer ersten Generation in die jungen Früchte ein und bringen sie zum Abfallen. Die Raupen verlassen die Früchte und verpuppen sich an trockenen geschützten Stellen am Stamm. Bei der Ernte findet man die Larven der zweiten Generation als Wurm in der Frucht. Eine biologische Bekämpfung der Raupen ist theoretisch möglich, scheitert aber an der Vielzahl der notwendigen Spritzungen. Effektiver ist es, den Raupen um den Stamm angebrachte Wellpapperinge (Obstmadenfallen) zur Verpuppung anzubieten. Sind diese mit den Larven belegt, so können sie vor dem Schlupf der nächsten Generation wieder abgenommen und vernichtet werden. Befallenes Fallobst müssen Sie regelmäßig entfernen und dürfen es nicht auf den Kompost geben.

### Pflaumenwickler

Ähnlich wie die Obstmade ist auch der Pflaumenwickler ein Nachtfalter, der seine Eier in zwei Generationen an den Früchten ablegt. Die kleinen Raupen fressen sich in den Früchten bis zum Kern vor und hinterlassen unappetitliche Kotkrümel. Auch hier können Sie zur Befallsminderung im August Wellpapperinge anbringen, die Sie im Herbst mit den darunter befindlichen Raupen entfernen und vernichten.

### Kirsch-Fruchtfliege

Im Farbwechsel zwischen Grün und Rot sind die Kirschen kurz gelb. In dieser Phase werden Sie jeweils mit einem Ei der kleinen schwarzen Kirschfruchtfliege belegt. Die Raupe frisst sich ins Innere der Frucht und verlässt diese anschließend durch ein großes seitliches Ausbohrloch. Zurück bleibt ein zerstörtes Fruchtfleischgewebe, das mit reichlich Kot verunreinigt ist. Leider helfen die früher empfohlenen Gelbtafeln nicht wirklich, um den Befall zu mindern. Befallene Früchte müssen Sie auf jeden Fall vollständig abernten, auflesen und vernichten, sonst kann sich die Befallsmenge von Jahr zu Jahr immer höher aufschaukeln.

### Kirsch-Essigfliege

Vor wenigen Jahren ist diese vermehrungsfreudige Fliege bei uns eingeschleppt worden. Sie erinnert äußerlich an die bekannte heimische Essigfliege. Letztere fliegt im Herbst zu Hause um unsere Obstschale herum, kann aber nur bereits beschädigte Früchte befallen. Die neue Kirsch-Essigfliege aus Japan hingegen legt auch in gesunde Früchte ihre Eier (bis zu 400 je Tier!) ab. Meistens werden sogar viele Eier in eine einzige Frucht abgelegt. Dies führt sehr rasch zur Zersetzung der Fruchtoberfläche und zur typischen Essig-Bildung mit dem entsprechenden Geruch. Innerhalb weniger Tage kann die komplette Ernte vernichtet werden. Neben Beeren (wie Himbeere, Brombeere oder Traube) sind beim Baumobst Kirschen, Aprikosen und Zwetschgen betroffen. Eine Bekämpfung ist nicht möglich. Da dieses Tier gemäßigt kühle Witterung bevorzugt, helfen trockene warme Sommer bei der Geringhaltung des Befalls. Alle befallenen Früchte müssen abgesammelt und vernichtet werden. Sie dürfen sie nicht auf den Kompost geben, da die Fliegen sonst ausschlüpfen und zurück in die Bäume fliegen. Die im Erwerbsobstbau angewandte Voll-Einnetzung der ganzen Anlagen mit Gaze (0,8 × 0,8 mm) ist für den extensiven Obstwiesenanbau keine Alternative.

## Nützlingsförderung

Wenn man im Obst- und Gartenbau von Nützlingen und Schädlingen spricht, handelt es sich um einseitige Beziehungen, denn die einen ernähren sich von den anderen. Ihre Populationsdichten hängen unmittelbar voneinander ab. Nützlinge reduzieren Schädlinge und man bezeichnet sie deshalb als deren Fressfeinde.

Nützlinge vermehren sich bzw. siedeln sich nur dort an, wo sie optimale Lebensbedingungen vorfinden. Heißen Sie die Nützlinge also willkommen und bieten Sie ihnen die passenden Nahrungs-, Vermehrungs- und Überwinterungsplätze an.

Vermeiden Sie alles, was ihnen schaden könnte, und verzichten Sie wann immer möglich auf Pflanzenschutzmaßnahmen. Helfen Sie mit, die bei uns natürlicherweise vorkommenden Nützlinge anzusiedeln und zu fördern. Diese starten zwar oft etwas verspätet los, löschen dann aber sehr effektiv ganze Schädlingskolonien aus.

### Florfliegen- und Schwebfliegenlarven

Obwohl die erwachsenen Tiere dieser beiden Fliegenarten sich rein von Nektar ernähren, sind ihre Larven gewaltige Schädlingsvernichter. Während ihrer Entwicklungszeit vertilgen sie Unmengen an Blattläusen. Innerhalb weniger Tage saugen sie Hunderte von Läusen aus oder fressen sie komplett. Um diese wirkungsvollen Helfer ausreichend zu fördern, sollten stets genügend Wiesenblumen unter den Obstbäumen blühen. Die Blüten locken erwachsene Schweb- und Florfliegen an, die wiederum ihre Eier neben Lauskolonien an den Trieben ablegen.

### Marienkäfer

Diese kleinen, bunten Käfer sind effektive Lausvernichter. Sowohl die erwachsenen Tiere wie auch ihre Larven fressen viele Schädlinge.

### Vögel

Durch die gezielte Ansiedlung von brütenden Singvögeln können Sie höchst effektiv Raupen und Läuse bekämpfen. Besonders die Kohl- und die Blaumeise sammeln sehr fleißig Frostspanner- und viele andere Raupen ab. Im Winter suchen sie die Zweige nach Blattlauseiern ab. Bieten Sie den Vögeln möglichst viele Brutmöglichkeiten, indem Sie natürliche Baumhöhlungen erhalten. Auch das Anbringen von künstlichen Nisthöhlen kann die Brutpaardichte erhöhen. Dies sollte aber nicht übertrieben werden, da sonst die einzelnen Reviere zu klein werden. Besser ist es, viele verschiedene Arten von Nistkästen aufzuhängen. So brau-

*Igel, Spitzmäuse und verschiedene Insekten finden Unterschlupf in Totholzhaufen. Lassen Sie die Haufen über den Winter unberührt, um überwinternde Tiere nicht aufzuschrecken.*

chen Meisen Kästen mit runden Löchern im Durchmesser von 28–32 mm. Halbhöhlenbrüter wie der Gartenrotschwanz bevorzugen offene Kästen, bei denen nur die untere Hälfte der Front geschlossen ist.

Greifvögel wie Bussard und Turmfalke und auch die Schleiereule sind sehr wichtige Feldmausbekämpfer. Von ihrem Hochsitz aus spähen sie nach den kleinen Nagern. Wo nicht genügend hohe Altbaumäste als Sitzwarte zur Verfügung stehen, können Sie mit langen Sitzstangen aushelfen. In Scheunen oder hohen Geräteschuppen können Sie Nistkästen für den Baumfalken und/oder die Schleiereule anbringen. Niederer Grasbewuchs unterstützt die beiden beim Suchen und Fangen der Mäuse. Mähen Sie deshalb im Herbst noch einmal die komplette Fläche.

## Wildbienen

Im Kapitel Bienenweiden (Seite 81) wurde der Bau von Wildbienennisthilfen bereits ausführlich beschrieben. Diese werden ent-

*Greifvögel wie der Turmfalke tragen zum natürlichen Gleichgewicht von Nützlingen und Schädlingen bei. Auch Wühl- und Feldmäuse werden von ihm gejagt.*

weder direkt am Stamm aufgehängt oder noch besser in einem überdachten „Wildbienenhotel“ regensicher untergebracht. Wildbienen sorgen vor allem im zeitigen Frühjahr und bei schlechtem Blühwetter für eine ausreichende Bestäubung.

## Ohrwürmer

Vor allem bei Birnen und Äpfeln können Sie durch die Ansiedlung von Ohrwürmern Blattläuse recht erfolgreich bekämpfen. Ohrwürmer sind nachtaktiv und ziehen sich am Tag in trockene dunkle Unterschlüpfe zurück. Deswegen bietet man ihnen am besten umgedrehte und mit Holzwolle oder Stroh ausgestopfte Blumentöpfe an. Diese müssen aber oben geschlossen sein und am Stamm anliegen, damit die Tiere von unten hineinkriechen können. Auf der Unterseite der Töpfe sollten Sie ein Drahtgeflecht oder ein Netz befestigen, sonst werden die Vögel das Stroh oder die Holzwolle schnell als Nistmaterial stibitzen.

Bei Kirschen und Zwetschgen können Ohrwürmer ebenfalls Schaden anrichten. Besonders bei Wassermangel und bei Nichtvorhandensein von Blattläusen fressen sie an den reifenden Früchten. Es empfiehlt sich deshalb, die Tontöpfe nur kurz in den Kirschbäumen aufzuhängen und sobald die Hauptzeit der Blattläuse vorüber ist, die Töpfe in benachbarte Heckenpflanzungen zu verbringen. Ein Umhängen in Birnbäume ist ebenfalls möglich, weil die Ohrwürmer an Birnen keine Fraßschäden anrichten, sondern dort im Sommer den Birnblattsauger vertilgen.

## Mauswiesel

Das Mauswiesel ist eine Raubtierart aus der Familie der Marder und kann sowohl bei Tag als auch bei Nacht unterwegs sein. Mauswiesel unterstützen Sie bei der Bekämpfung von Feld- und Wühlmäusen. Stein- und Reisighaufen dienen ihnen als Unterschlupf.

*Mauerbienen sind für die Bestäubung besonders notwendig und dankbar für ein komfortables Zuhause.*

*Ohrwürmer sind bei der Reduzierung von Blattläusen gefragte Partner. Mit Stroh gefüllte Tontöpfe dienen als Unterschlupf. Befinden sich keine Läuse mehr am Baum, sondern überwiegend reifende Früchte, sollte der Tontopf in die benachbarte Hecke umgesiedelt werden, um Fraßschäden am Obst zu vermeiden.*

# Arbeitswerkzeuge

Arbeitswerkzeuge können die Obstwiesenpflege ungemein erleichtern. Wichtig ist, dass Sie die Werkzeuge verwenden, die Sie auch wirklich brauchen und mit denen Sie gut umgehen können. Gute Qualität ist teuer, zahlt sich aber bei häufigem Einsatz aus. Tauschen Sie sich mit erfahrenen Obstwiesenbesitzern aus und lassen Sie sich über deren Erfahrungen berichten.

## Leitern

Bei großkronigen Bäumen müssen regelmäßig Arbeiten mit der Leiter durchgeführt werden. Dies ist nicht ganz ungefährlich, passieren hierbei doch regelmäßig, zum Teil sehr schwere Unfälle. Sehr wichtig ist, dass Sie nur speziell für die Arbeit am Obstbaum zugelassene Leitern verwenden. Diese müssen über mindestens 7 cm lange Bodenspieße verfügen. Werden diese in den Boden gedrückt, so kann die Leiter nicht nach hinten wegrutschen oder sich verdrehen. Leitern mit Gummifüßen sind nur für ebene, glatte Untergründe geeignet und deshalb nicht am Obstbaum zu verwenden. Weitere Infos finden Sie unter der Rubrik Arbeitssicherheit in diesem Buch (Seite 106).

Es gibt Obstbaumleitern aus Holz, Metall (Aluminium) oder aus einer Mischung der beiden Materialien. Aluminiumleitern sind sehr leicht sowie wetterbeständig. Holzleitern sind schwerer, pflegebedürftiger und witterungsempfindlicher. Sie müssen im Trockenen gelagert und alle paar Jahre neu lasiert werden. Wegen des haptisch angenehmen Holzes sind sie bei vielen Baumbesitzern beliebt. Es gibt sie in verschiedenen zulässigen Typen.

*Auf Wiesen sollten Sie nur ausgesprochene Obstbaumleitern verwenden. Ihre in den Boden eindringenden Erdspieße verhindern ein Wegrutschen der Leiter.*

### Anlegeleiter

Diese besteht nur aus zwei Holmen (mit 7 cm langen Bodenspitzen) und einer variierenden Sprossenanzahl. Normalerweise sollten Sie nur Leitern mit maximal 15 bis 18 Sprossen einsetzen. Die Leitern sind immerhin 4,5 m lang. In dieser Höhe wird das Arbeiten am Baum sehr gefährlich und

*Anlegeleitern sollten mit einem Leitergurt zusätzlich gesichert werden und für Kinder nur unter Aufsicht zugänglich sein.*

man überlegt besser, ob man den Baum nicht lieber fachlich korrekt in der Höhe reduziert oder ob man einen professionellen Baumkletterer für einen Revitalisierungsschnitt beauftragt.

Anlegeleitern müssen Sie an einen stabilen Starkast oder direkt an den Stamm anlehnen und dort mit einem Sicherungsgurt fixieren. Den optimalen Anlegewinkel ermitteln Sie mit der „Ellenbogenprobe" (siehe Seite 107). Anlegeleitern eignen sind nicht für die Arbeit in der Baumperipherie. Bei Hanggrundstücken ist Vorsicht geboten, da sie meist nur von der Hangunterseite her sicher aufgestellt werden können.

*Die Einholmleiter erfordert etwas Übung, lässt sich aber einfach transportieren und ist für enge Baumkronen besonders gut geeignet.*

## Obstbaumleitern mit Stützen

Diese Leitern sind mit stabilen Stützen versehen. Sie können auch ohne direkten Kontakt mit dem Baum sicher aufgestellt werden, sofern der richtige Winkel zwischen Leiter und Stützen eingehalten wird. Sie eignen sich aus diesem Grund für den äußeren Kronenbereich. Im Bauminnern können die Stützen dagegen stören.

Diese Leitern gibt es auch als Materialkombination. Die Leiter selbst ist aus Holz, die Stützen aus Aluminium. So verbindet man vorteilhaft ein geringes Gewicht mit der angenehmen Haptik von Holz.

## Schiebe- oder Teleskopleiter

Die variable Obstbaumleiter, bei der zwei normale Leitern ausschiebbar miteinander verbunden sind, ist in der Länge veränderlich und vielseitig einsetzbar. Allerdings ist sie sehr schwer.

## Stützleitern

Diese sind an der Leiterbasis breiter und verjüngen sich nach oben. Sie werden nur von einer Holz- oder Aluminiumstrebe gestützt. Da sie nur eine Stütze besitzen, sind sie leichter und können flexibler im Bauminnern aufgestellt werden. Bei größerer Arbeitshöhe droht die Gefahr des seitlichen Wegkippens.

## Einholmleiter und Tiroler Steigtanne

Diese Leiter besteht nur aus einem Mittelholm und durchgesteckten Sprossen. Der Holm steht auf einem beweglich gelagerten Fuß mit zwei Messerschneiden. Dieser Gelenkfuß ermöglicht den Einsatz am Hang. Um jedoch ein seitliches Verdrehen zu ver-

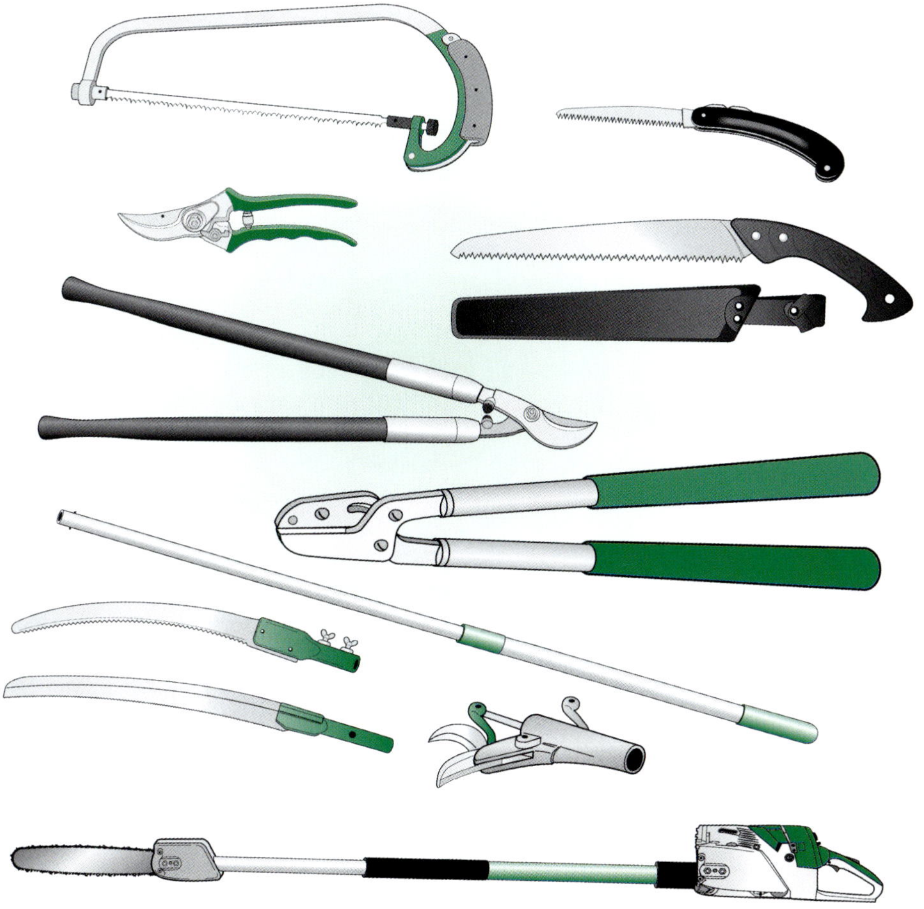

*Damit Sie einen fachgerechten Schnitt an Obstbäumen durchführen können, sind bestimmte Schnittwerkzeuge notwendig. Gut gepflegtes, sauberes Werkzeug bedeutet weniger Krankheiten, hinterlässt saubere Schnittränder und erleichtert die Arbeit.*

hindern, muss der Holm in eine stabile Astgabelung eingelegt und die Messerschneiden fest in den Boden getreten werden. Die leichte und sehr bewegliche Leiter ist allerdings gewöhnungsbedürftig, da einem die seitlichen Holme anfangs fehlen. Nach kurzer Eingewöhnungsphase benutzt man sie gern. Es gibt diese Leiter aus Aluminium oder Holz. Auch eine in Abschnitte aufteilbare Variante ist erhältlich. Sie kann zerlegt und im Kofferraum transportiert werden.

## Schnittwerkzeuge

Das Angebot von Schnittwerkzeugen ist riesig. Um einen fachgerechten Schnitt an Obstgehölzen durchführen zu können, sind qualitativ hochwertige Schnittwerkzeuge die richtige Wahl. Sie erleichtern die Arbeit und sorgen für saubere Schnitte, haben aber auch ihren Preis. In der Obstwiese kommen in erster Linie verschiedenste Scheren und Sägen zum Einsatz. Messer benötigt man hauptsächlich für Veredelungsmaßnahmen und zum Ausschneiden von Infektionsstellen.

Doch Achtung: Alle Schnittwerkzeuge müssen in regelmäßigen Abständen mit z. B. 70 %igem Alkohol desinfiziert werden – Brennspiritus tut's auch. So wird verhindert, dass sich bei der Schnittarbeit Bakterien, Viren oder Pilzinfektionen von Baum zu Baum übertragen.

Als Ergänzung von Scheren und Sägen empfiehlt sich ein scharfes Messer. Mit ihm können Sie bei Bedarf Wundränder etwas nach- und beispielsweise Krebsstellen ausschneiden. Am besten wählen Sie eine sogenannte Kopulierhippe, da Sie mit dieser auch Veredelungsmaßnahmen durchführen können. Für das im Buch beschriebene „Umpfropfen“ (Pfropfen hinter die Rinde, siehe Seite 55) eignet sich diese Messerform ebenfalls gut.

## Handscheren

Mit der Hand- oder Gartenschere können Sie Äste bis etwa 1,5 cm Dicke problemlos schneiden. In der Hauptsache nimmt man diese kleinen Schnittgeräte für den Pflanz-, Erziehungs- und Fruchtholzschnitt. Beim Auslichten älterer, vernachlässigter Bäume sind in erster Linie Sägen gefragt.

Grundsätzlich unterscheidet man Bypass- und Ambossscheren. Da sich bei der Bypassschere beide Klingen bewegen, erzielt man einen glatten, sauber geführten Schnitt. Ambossscheren haben nur eine Klinge, die sich bewegt. Dadurch kann es bei verholzten Trieben schneller zu Quetschungen kommen.

Wichtig ist, dass alle Teile einer Schere auswechselbar und einzeln nachzubestellen sind. Übrigens gibt es auch Handscheren für Linkshänder. Für den Hobbybereich sind inzwischen Akkuscheren im Handel, deren Anschaffung sich für den Einsatz in der Obstwiese lohnen kann – besonders für denjenigen, der viele Bäume zu schneiden hat. Allerdings sind sie in der Anschaffung vergleichsweise teuer.

## Ast- und Teleskopscheren

Für stärkere Zweige bis etwa 5 cm Durchmesser eignen sich grundsätzlich auch Astscheren. Aus den bereits genannten Gründen ist ebenfalls eine Bypass- der Ambossschere vorzuziehen. Beim Schnitt mit Astscheren sollten Sie besonders auf eine saubere Schnittführung in der Krone achten, um keine Aststummel stehen zu lassen. Astscheren gibt es mit unterschiedlichen Grifflängen. Je länger die Schenkel sind, desto größer ist die Kraft, die man ausüben kann. Allerdings ist eine weit geöffnete Astschere mit langen Schenkeln in der Obstbaumkrone hinderlich. Alternativ gibt es Astscheren mit in der Länge verstellbaren Schenkeln. In der Höhe verstellbare Teleskopscheren ermöglichen einen Schnitt in älteren Baumkronen ohne die Benutzung von Leitern. Dieser Vorteil geht jedoch auf Kosten eines nicht immer ganz exakten Schnitts. Beim Einsatz dieses auch Scheidegiraffe genannten Werkzeugs bleibt Ihnen gleichfalls nicht erspart, den einen oder anderen Stummel nachträglich abzusägen.

## Bügelsägen

Bügelsägen mit verstellbarem Sägeblatt sind die klassischen Werkzeuge in der Obstbaumpflege, mit denen man auch stärkere Äste in der Krone entfernen kann. Sie eignen sich für präzises, leichtes Sägen in höheren Baumkronen. Durch die Verstellmöglichkeit des Sägeblattes können Sie sauber auf Astring schneiden. Um Gewicht zu sparen, sollte der Bügel allerdings aus Aluminium sein. Wichtig ist, dass Sie die Spann- und Drehvorrichtungen des Sägeblattes sauber halten und von Zeit zu Zeit auf Funktion prüfen – bei Bedarf auch einmal schmieren!

### Zugsägen

Sehr gut bewährt haben sich die handlichen Zugsägen. Diese Sägen werden nur in eine Richtung nach hinten (auf Zug) geführt. Sie ermöglichen sehr schnelle und saubere Schnitte und sind wegen ihrer geringen Größe in dichten Kronen von Vorteil. Lässt sich das Sägeblatt wie bei einem Taschenmesser in den Griff einklappen, spricht man von einer Klappsäge, die wegen ihrer geringeren Verletzungsgefahr den Zugsägen mit starrem Sägeblatt vorzuziehen ist. Für diese Ausführungen benötigen Sie einen Köcher, um sie gefahrlos transportieren zu können.

Die bereits vorgestellte Teleskopschere mit verstellbarer Verlängerung lässt sich auch gut mit einer Zugsäge kombinieren, sodass stärkere Äste vom Boden aus sicher entfernt werden können. Allerdings sollten Sie hier ebenfalls auf einen sauberen Schnitt achten.

*Zugsägen schneiden nur in eine Richtung, nämlich auf Zug. Sie sind sehr scharf und hinterlassen saubere Schnittoberflächen.*

### Hochentaster

Mit einem sogenannten Hochentaster wird die Obstbaumpflege noch effektiver. Eine kleine Motorsäge an einer verstellbaren Teleskopstange ermöglicht Schnitte vom Boden aus bis in etwa 5 m Höhe. Das verlangt jedoch viel Übung und ein sauberer Schnitt auf Astring ist nicht immer gewährleistet. Da ein Hochentaster ein sehr schnelles Arbeiten ermöglicht, muss man streng darauf achten, nicht mehr Äste zu entfernen, als man ursprünglich vorhatte. Legen Sie daher unbedingt eine Maßvorgabe fest und halten Sie sich auch strikt daran.

Hochentaster erleichtern die Arbeit ungemein, lohnen sich aber aufgrund ihres hohen Anschaffungspreises nur für ausgesprochene Vielschneider im Bereich der Altbaumsanierung. Inzwischen sind auch Hochentaster mit elektrischem Akkuantrieb auf dem Markt.

## Mähgeräte

Für das Mähen der Obstwiesen gibt es die unterschiedlichsten Geräte. Nicht nur preislich sondern auch in der Schnitthöhe unterscheiden sie sich stark.

Absolut untauglich sind Haushaltsrasenmäher. Da sie nur Schnitthöhen von maximal 10 cm bewältigen, muss vom Frühsommer bis zum Herbst extrem oft gemäht werden. Bis zu zehn Durchgänge können notwendig werden. Aus ökologischer Sicht sind solche Kurzrasenflächen wenig sinnvoll. Sie bieten zwar einigen Vogelarten die gewünschte Offenlandfläche, die sie brauchen, um Insekten zu suchen. Da bei dieser Mahdhäufigkeit aber fast ausschließlich Gräser vorkommen, haben Blütenpflanzen keine Chance ihre Blüten auszubilden, geschweige denn auszusamen. Nur Löwenzahn und Gänseblümchen können sich dort halten und gedeihen.

## Sense

Dieses traditionelle Mähwerkzeug bietet die umweltschonendste Methode eine Wiese zu mähen. Gleichzeitig ist sie aber auch die anstrengendste und schweißtreibendste. Zudem muss das Sensenblatt laufend mit dem Wetzstein nachgeschärft und immer wieder gedengelt (glattgeklopft) werden. Beim Mähen mit der Sense geht man streifenweise vor. Das Langgras liegt danach in Schwaden und muss noch aufgeladen und abgefahren werden. Das Mähen mit der Sense dauert und man kommt nur langsam voran. Doch genug Zeit für Kröten und Rehkitze, um Reißaus zu nehmen und zu überleben. Realistischer Weise ist das Sensenmähen nur für kleine Grundstücke durchführbar. Aber ideal, um ein kleinräumiges „Mahdmosaik" herzustellen.

## Balkenmäher

Diese motorgetriebenen Einachsfahrzeuge kombinieren gute Flächenleistung mit schonender Mahd. Von Vorteil ist, dass hohes und dichtes Gras ebenfalls gemäht werden kann. Aber auch hier müssen Sie das Mähgut anschließend entfernen. Für artenreiche Blumenwiesen sind Balkenmäher sehr gut geeignet.

*Traditionelle Wiesenpflege mit der Sense: Wiesenbewohner werden dabei am wenigsten in Mitleidenschaft gezogen, allerdings ist die Mahd größerer Flächen beschwerlich.*

*Mit dem Balkenmäher kann man bis unter die Bäume mähen. Sie sind für artenreiche Blumenwiesen gut geeignet.*

## Hochgrasmäher

Hochgrasmäher sind starke, motorbetriebene Wiesenmäher, die das Mähgut zerkleinern (mulchen). Sie sind auch für hohes Gras geeignet. Das Mähgut wird zerkleinert und verbleibt auf der Fläche, wo es den Humus anreichert und dem Boden Nährstoffe zuführt. Diese Mäher sind nicht besonders insekten- und kleintierfreundlich, da durch das Mulchen der Grünfläche keine artenreiche Blumenwiese entsteht.

## Aufsitz-Rasenmäher

Das sind sehr bequeme, aber auch sehr teure Mäh- beziehungsweise Mulchgeräte. Man muss sie mit einem Hänger zum Grundstück transportieren. Sie sind beliebt bei Alt und Jung, die sich gern auf das Gerät setzen und losfahren. Durch die gute Motorleistung kann auch noch mittelhohes Gras gemulcht werden. Für die Pflege einer artenreichen Blumenwiese sind sie jedoch nicht geeignet.

## Traktor betriebene Mähgeräte

Die Rasentraktoren eignen sich aufgrund ihrer Schnittbreite von rund einem Meter für Flächen ab etwa 1000 Quadratmetern. Das Mähen geht zwar sehr bequem vonstatten, doch sind die Geräte ziemlich laut und ungeeignet für eine Wiese voll biologischer Vielfalt.

### Messerbalken- und Doppelmesser-Mäher

Horizontal verlaufende Messerschneidvorrichtungen schneiden das Gras ab. Danach muss es auch abgeräumt werden. Einfache Messerbalken verstopfen bei dichtem Gras leicht, die gegenläufigen Doppelmesser-Geräte hingegen nicht. Sie sind für größere Flächen einer artenreichen Blumenwiese gut geeignet.

### Kreiselmähwerk

Dies ist ein sehr effizientes und verstopfungsfreies Gerät zum Abschneiden des Grases mittels rotierender Scheiben mit daran angebrachten Schneidklingen. Für Insekten, Kröten, Rehkitze und Kleinsäuger ist das Mähwerk allerdings äußerst gefährlich, da kaum Fluchtmöglichkeiten bestehen. Dieses Gerät wird im landwirtschaftlichen Nutzungsbereich am häufigsten verwendet.

## Arbeitssicherheit

Menschen mit überwiegend sitzender Tätigkeit unterschätzen häufig die Gefahren, die von körperlicher Arbeit ausgehen können. Das Kapitel Arbeitssicherheit behandelt hauptsächlich den richtigen und sicheren Umgang mit Arbeitsgeräten. Noch immer wird bei bestimmten Arbeitsschritten viel zu wenig auf die gesundheitserhaltende Bewegung geachtet, wie zum Beispiel das richtige Anheben von Gewichten und andere den Rücken und die Gelenke schonende Vorgehensweisen (siehe Seite 28).

### Umgang mit Obstbaumleitern

Das Thema Leitern wurde ab Seite 98 bereits ausführlich behandelt. Nur ausgewiesene Obstbaumleitern sind für die Pflege und Ernte an Obstbäumen bestimmt, Haushaltsleitern oder Ähnliches sind nicht erlaubt.

*Gut gepflegtes Qualitätswerkzeug erleichtert auch bei der Obstwiesenpflege die Arbeit. Billigwerkzeuge zahlen sich auf die Dauer nicht aus.*

*Anlegeleitern müssen in einem bestimmten Winkel aufgestellt werden, um sicher zu stehen. Am besten die Ellenbogenmethode zur Überprüfung anwenden. Wichtig: Leiter zusätzlich an einem stabilen Ast mit einem Leitergurt sichern und die Erdspieße in den Boden treten.*

Die Leiterholme und -stützen der Obstbaumleiter sind immer mit mindestens 7 cm langen Metallspitzen ausgerüstet, da die Obstbaumleiter nur auf unbefestigtem Untergrund, wie Wiesen, eingesetzt wird. Eine Benutzung auf befestigten Böden, wie Asphalt- oder Pflasterflächen, ist nicht zulässig. Für den Obstbaumschnitt sind nur ausgewiesene DIN-Obstbaumleitern erlaubt. Es ist ebenfalls auf das GS-Zeichen zu achten (Geprüfte Sicherheit). Vor der Benutzung einer jeden Leiter sollten Sie eine Sichtkontrolle durchführen. Die Holme und Sprossen müssen unbeschädigt, rutschhemmend und frei von Schmutz (Erde) sein. Die Trittflächen sind nur mit festen Schuhen zu begehen.

Beim Anlegen der Leiter an einen starken Ast sollten Sie den vorgeschriebenen Anstellwinkel von 75° einhalten. Anstelle des erwähnten Leitergurtes können Sie auch einfach jemanden bitten, die Leiter festzuhalten, denn so steht sie deutlich besser. Das Verdrehen der Leiter um die Längsachse lässt sich vermeiden, wenn beide Leiterholm-Enden gleichmäßig am Ast oder Stamm anliegen, beide Leiterfüße durch Metallspitzen sicher im Boden verankert sind sowie der Leiterkopf drei bis vier Sprossen über den Anlagepunkt hinausragt (mindestens 1 m). Dazu sollte die Leiter durch einen Leitergurt an einem gesunden und stabilen Seitenast fixiert werden.

### Arbeitseinsatz in der Nähe von Freileitungen

Beim Einsatz von Leitern und Schnittgeräten in der Nähe von Freileitungen kommt es jedes Jahr zu schweren Unfällen. Bei der Pflege von Obstbäumen, bei der Ernte sowie beim Freischneiden von über Land geführten Stromtrassen werden die Gefahren, die von Freileitungen ausgehen, unterschätzt.

Achten Sie unbedingt auf die Sicherheitsabstände zur Freileitung. Je nach der anliegenden Spannung sind verschiedene einzuhaltende Abstände vorgeschrieben. Beim Einsatz von langstieligen Werkzeugen wie z. B. Stangensägen wird die mögliche Reichweite gern unterschätzt. Größere Leitern transportieren Sie in der Nähe von Freileitungen am besten immer waagerecht. Geraten Menschen bzw. Werkzeuge (Teleskopscheren und -sägen) in die Nähe von Freileitungen, kann es zu einem Überschlag (der Strom springt über) kommen. Es besteht auch Gefahr für Personen/Helfer, die sich in der Nähe aufhalten!

Generell sollten sich Obstbäume zwar in ausreichender Entfernung zu Freileitungen befinden. Sofern Ihre Bäume zu dicht an diese Leitungen heranreichen, sollten Sie die entsprechenden Bäume nicht mehr mit Leitern besteigen bzw. schneiden. Pflanzen Sie in diesen Bereichen am besten keinen Obstbaum mehr! Bei feuchter Witterung oder Nässe ist das Risiko eines Stromüberschlags besonders hoch.

Wenden Sie sich bei Fragen und Problemen an die landwirtschaftlichen Berufsgenossenschaften oder an die örtliche Feuerwehr.

## Leitlinien zur Arbeitssicherheit

- **Leitern nur benutzen, wenn man sich fit und gesund fühlt. Bei Schwindelgefühlen oder Kopfschmerzen die Arbeiten sofort einstellen und die Leiter verlassen.**
- **Als Leitern dürfen nur spezielle Obstbaumleitern mit Erdspießen in einwandfreiem Zustand eingesetzt werden. Haushaltsleitern sind grundsätzlich nicht erlaubt!**
- **Leitern dürfen nicht verlassen werden. Schnittmaßnahmen in der Krone sind nur mit der Verwendung von Sicherheitsgurten durchzuführen. Achtung: Seilklettertechnik ist nur erlaubt, wenn man über die entsprechende Erlaubnis (Seilklettertechnik SKT B) verfügt!**
- **Helfer am Boden haben sich außerhalb des Fallschattens herabfallender Äste aufzuhalten. Der Fallschatten ist nach Größe und Lage eines Baumes sowie nach Belaubung und Windstärke unterschiedlich.**
- **Besteigen Sie Leitern immer nur mit dem Gesicht zur Leiter hin und behalten Sie immer Drei-Punkt-Kontakt.**
- **Schnittmaßnahmen sollen vorrangig mit Stangensägen oder Stangenscheren vom Boden aus durchgeführt werden.**
- **Beim Einsatz von Stangensägen, Stangenscheren und Hochentastern dürfen keine weiteren Personen am bzw. im Baum arbeiten. Herabfallende Äste könnten diese treffen.**
- **Pflücken Sie Tafelobst nur vom Boden aus oder, wenn eine Leiter notwendig ist, nur im unteren Kronenbereich. Höhere Partien lieber mit dem Haken schütteln und die Früchte für die Saftproduktion nutzen. Sicherheit geht vor.**

- Lehnen Sie sich bei Pflück- und Pflegearbeiten nicht zu weit seitlich weg von der Leiter. Lieber sollen die Früchte am Baum hängen bleiben, als dass Sie einen Sturz riskieren.
- Beim Absägen von langen, schweren Ästen von der Leiter aus, ist darauf zu achten, dass diese beim Herabfallen oft in einem Bogen Richtung Stamm abkippen und dabei die Leiter umstoßen könnten!
- Schnittmaßnahmen dürfen niemals im Bereich spannungsführender Leitungen (Gefahr durch Lichtbogeneffekt – Spannungsübersprung!) stattfinden.
- Sägen und Scheren müssen sich in einem sicheren Zustand befinden und in dafür vorgesehenen Scherentaschen und Sägenköchern getragen werden.
- Die Verwendung von Hochentastern und Motorsägen am Boden (Benzin oder Akku) ist, unter Freihaltung des Gefahrenbereichs, grundsätzlich nur unterwiesenen Personen erlaubt. Die Unterweisung hat durch einen Sachkundigen zu erfolgen.
- Hochentaster und Stangensägen nur mit Schutzhelm und mit Nylon- oder Metallgitter zum Augenschutz vor herabfallendem Sägemehl verwenden. Gehörschutz nicht vergessen.
- Der Einsatz von Motorsägen über Kopfhöhe, auf der Leiter und in der Baumkrone ist grundsätzlich verboten.
- Generell gilt: Bei großer Höhe, erheblichem Arbeitsumfang oder sonstigen Erschwernissen sollten besser keine Leitern mehr verwendet werden. Man sollte sich nicht selbst überschätzen und lieber einen Profikletterer beauftragen!
- Tragen Sie beim Mähen von Wiesen Sicherheitsschuhe mit Stahlkappen.
- Beim Obstschütteln nicht direkt unter dem Ast stehen. Bei Verwendung von Teleskop-Schüttelhaken, deren Länge variabel ist, kann man seitlich von dem zu schüttelnden Ast stehen. Brillenträger müssen besonders vorsichtig beim Schütteln sein.
- Baumfällungen nur von sachkundigen Personen mit Motorsägenführerschein Kat. 2 durchführen lassen.

# Rat und Tat

Wir möchten Ihnen in diesem Kapitel möglichst praxisnah Antworten und Hilfestellungen anbieten, die auf den ersten Blick mit der Bewirtschaftung von Obstwiesen wenig zu tun haben. Hierzu gehören u. a. die Bereiche Versicherung, Nachbarrecht und naturschutzrechtliche Vorgaben. Außerdem geben wir Ihnen Tipps und Anregungen, die Ihnen den Umgang mit Ihrer Obstwiese erleichtern sollen.

# Versicherungen

Überall wo wir tätig sind, können wir uns selbst oder andere gefährden oder gar schädigen. Versicherungen sind notwendig, um uns vor den Folgen unvorhergesehener Ereignisse zu schützen. Hierbei sind freiwillige und gesetzlich vorgeschriebene Versicherungen ebenso zu unterscheiden, wie Haftpflicht- oder Unfallversicherungen.

## Unfallversicherung

Unfallversicherungen werden abgeschlossen, um selbst verursachte Personenschäden und die Folgen einer Invalidität mit körperlicher Einschränkung abzusichern.

Der Gesetzgeber hat das Bewirtschaften von landwirtschaftlichen Grundstücken (hierzu zählen auch Streuobstwiesen) grundsätzlich in den Schutz der gesetzlichen Unfallversicherung einbezogen. Das bedeutet, dass es sich um eine sogenannte Pflichtversicherung handelt, man also keine Wahl hat, diese Versicherung abzuschließen oder nicht. Laut der zuständigen Sozialversicherung für Landwirtschaft, Forsten und Gartenbau (SVLFG) belegen dort eingehende Unfallmeldungen, dass die Pflege von Streuobstwiesen viele Unfallrisiken mit sich bringen kann. Besonders beim Obstbaumschnitt oder bei der Obsternte mit Leiter bestehen größere Unfallgefahren.

Natürlich ist man auch über die gesetzliche oder private Krankenkasse versichert, allerdings werden hier in der Regel nur die Arzt- und Krankenhauskosten übernommen

und evtl. notwendige REHA-Maßnahmen sind dann selbst zu tragen. Bei den Leistungen kann es zwischen privater und gesetzlicher Unfallversicherung deutliche Unterschiede geben. Kosten für ambulante und stationäre Heilbehandlungen werden von privaten Anbietern häufig nicht übernommen.

## Warum Pflichtversicherung?

Warum ist für mich als Privatperson eine Pflichtversicherung vorgeschrieben, wenn ich meine Obstwiese bewirtschafte und kann ich mich evtl. davon befreien lassen?

Nach § 2 Sozialgesetzbuch (SGB) VII sind die Unternehmer eines landwirtschaftlichen Unternehmens, aber auch ihre im Unternehmen mitarbeitenden Ehegatten, Beschäftigten und andere Personen, die wie Beschäftigte tätig werden, kraft Gesetzes in dieser Unfallversicherung mitversichert. Begriffe wie Landwirt, Nichtlandwirt oder auch Mitgliedschaft finden im SGB keine Anwendung. Im sozialversicherungsrechtlichen Sinne liegt ein Unternehmen vor, wenn auf landwirtschaftlichen Grundstücken auf eigene Rechnung und Gefahr planmäßige Bodenbewirtschaftung oder Pflege stattfindet. Streuobstwiesen sind in der Regel landwirtschaftliche Grundstücke. Bewirtschaftung oder Pflege von landwirtschaftlichen Grundstücken ist auch dann schon gegeben, wenn zum Beispiel nur einmal im Jahr Gras gemäht oder der Baumschnitt durchgeführt wird. Maßgebend für die Beurteilung ist nicht das Motiv des Tätigwerdens und auch nicht, ob eine Gewinnerzielungsabsicht besteht. Die Versicherung bzw. Mitgliedschaft tritt mit Übernahme der Bewirtschaftung der landwirtschaftlichen Nutzfläche in Kraft.

Sie gilt sowohl für Eigen- wie auch für Pachtland. Es bedarf weder eines Vertragsabschlusses mit der SVLFG, noch kann die Versicherung gekündigt werden. Sie endet automatisch mit der Aufgabe der Bewirtschaftung, dem Verkauf oder der Verpachtung der landwirtschaftlichen Nutzflächen.

Auf der Homepage (www.svlfg.de) finden Sie alles Wichtige und auch weiterführende Informationen zur Arbeitssicherheit. Werden die Vorgaben zur Arbeitssicherheit beherzigt, lassen sich viele Unfälle von vornherein vermeiden.

Befreiung/Ausnahmen von der Versicherungspflicht:

Seit März 2005 können sich Unternehmer von landwirtschaftlichen Nutzflächen und ihre Ehegatten von der Versicherungs- und Beitragspflicht dann befreien lassen, wenn sie nicht mehr als 0,25 ha bewirtschaften, es sich dabei nicht um Spezialkulturen wie z. B. Baumschulen oder Zierpflanzenbau handelt und die Bewirtschaftung nicht mit weiteren Personen durchgeführt wird (z. B. die Wiese/Baumwiese wird von einer anderen Person gemäht oder die Obsternte erfolgt zusammen mit Dritten). Die Befreiung ist bei der SVLFG schriftlich zu beantragen, Vordrucke gibt es auf deren Internetseite (www-svlfg.de). Eine einmal erfolgte Befreiung ist unwiderruflich!

Dass vom Bundesgesetzgeber für Flächengrößen über 0,25 ha keine Möglichkeit zur Befreiung von der Versicherungspflicht eingeräumt wird, wurde damit begründet, dass ab einer solchen Flächengröße vom Bewirtschaftungsumfang, Unfallrisiko und Unfallgeschehen her grundsätzlich von einem beträchtlichen sozialen Schutzbedürfnis ausgegangen wird.

Nicht unter die Versicherungspflicht fallen Haus- und Ziergärten bis zu einer Größe von 25 Ar und andere Kleingärten im Sinne des Bundeskleingartengesetzes.

## Wann liegt ein Arbeitsunfall vor?

Entscheidend für die Anerkennung eines Unfalls in der Obstwiese als Arbeitsunfall ist, dass der Unfall durch eine sogenannte betriebsdienliche und nicht durch eine eigenwirtschaftliche Tätigkeit hervorgerufen wurde. Pflegemaßnahmen wie Obstbaumschnitt und Grünlandpflege werden in der Regel als Betriebstätigkeit gesehen, da diese zum Erhalt des Betriebszweckes notwendig sind. Auch das Ernten von Früchten und sonstigen Erzeugnissen wird im Allgemeinen als typische Betriebstätigkeit angesehen, es gibt aber Ausnahmen!

Eine Betriebstätigkeit liegt dann nicht vor, wenn nur eine kleine Menge Früchte für den baldigen Verzehr geerntet wurde. Hier kann vom Versicherer von einer eigenwirtschaftlichen und damit unversicherten Tätigkeit ausgegangen werden. Beim Pflücken von zum Beispiel 3 kg Zwetschgen zum Kuchenbacken für den eigenen Verzehr handelt es sich dann nicht mehr um eine planmäßige Aberntung und die Tätigkeit ist nicht über die SVLFG versichert. Wird ein Obstbaum vollständig abgeerntet, sieht der Fall anders aus.

Es muss eine vollständige Aberntung (zumindest aller bereits ausgereiften Früchte) erfolgen, oder größere Mengen geerntet werden, die zum Verkauf, zur Vorratshaltung oder Lagerung bestimmt sind, um in den Genuss eines Versicherungsschutzes zu gelangen. Diese Aspekte sollten bei einer gesetzlichen Unfallmeldung beachtet werden!

Die gesetzliche Unfallversicherung deckt vor allem auch die Unfallfolgen von Helfern ab, die nicht gewerbsmäßig auf Ihrem Grundstück mithelfen oder Obstbäume pflegen.

Durch den Abschluss einer privaten Unfallversicherung kann man weitere Leistungen, die z. B. von der Pflichtversicherung nicht abgedeckt werden, versichern. Bitte informieren Sie sich entsprechend bei Ihrem Versicherungspartner.

## Haftpflichtversicherung

Die Frage, wer wann wofür haftet, stellt sich uns im täglichen Leben überall. Deswegen kommt man um den Abschluss einer Haftpflichtversicherung nicht herum.

§ 823 des Bürgerlichen Gesetzbuches (BGB) sieht eine sogenannte Schadensersatzpflicht vor. Unter anderem ist hier zu lesen: „Wer vorsätzlich oder fahrlässig das Leben, den Körper, die Gesundheit, die Freiheit, das Eigentum oder ein sonstiges Recht eines anderen widerrechtlich verletzt, ist dem anderen zum Ersatz des daraus entstehenden Schadens verpflichtet."

Da grundsätzlich in der freien Landschaft außerhalb der Zeiten des Aufwuchses ein allgemeines Betretungsrecht besteht, kann ein Begehen der Obstwiese nicht verhindert werden, da Einzäunungen in der Regel nicht gestattet sind. Gesetzlich wird allerdings im Naturschutzrecht erklärt, dass durch dieses allgemeine Betretungsrecht keine zusätzlichen Sorgfalts- oder Verkehrssicherungspflichten der Eigentümer oder sonstigen Berechtigten begründet werden und die Ausübung des Rechts auf Erholung auf eigene Gefahr erfolgt. Trotzdem ist eine Absicherung mit einer Grundstückshaftpflicht empfehlenswert. Sehr schnell wird man mit unberechtigten Haftungsansprüchen konfrontiert. Eine Haftpflichtversicherung wehrt unberechtigte Ansprüche gleichermaßen ab. Eventuell genügt schon eine Meldung an den Versicherer, dass man nun auch eine Obstwiese bewirtschaftet, damit diese in den Schutz mit aufgenommen wird.

# Recht

Dieses Thema begleitet uns in unserem alltäglichen Leben überall und soll dazu beitragen, dass das Zusammenleben einfacher wird, wenn man sich an bestimmte Regeln hält. Für Obstwiesen, die überwiegend in der freien Landschaft liegen, gilt beispielsweise das Naturschutzrecht, aber auch das Nachbarrecht.

## Nachbarrecht

Das Nachbarrecht hört am Gartenzaun nicht auf, sondern gilt ebenso für Eigentumsflächen in der freien Landschaft. Wie bereits der Dichter Friedrich Schiller richtig bemerkte, „kann der Frömmste nicht in Frieden leben, wenn es dem bösen Nachbar nicht gefällt".

Immer dort, wo Menschen nah aufeinander leben, bleiben nachbarliche Konflikte meist nicht aus. Wenn man diese Konflikte aber genauer betrachtet, fällt auf, dass es sich häufig um Kleinigkeiten handelt: Sträucher oder Äste von Bäumen hängen über die Grenze, oder Grenzabstände werden generell nicht eingehalten. Nicht selten enden solche Streitigkeiten vor Gericht und man trennt sich mit einem Vergleich, der für beide Seiten nur Geld kostet. Anders kann es aussehen, wenn der Nachbar zum Beispiel durch massiven Schattenwurf in seiner Lebensqualität beeinträchtigt wird.

Für solche Fälle haben die Gesetzgeber der Länder mit dem Nachbarschaftsgesetz eine richtungsgebende Rechtslage geschaf-

*Der Grünspecht ist ein typischer Höhlenbrüter, der auf Baumhöhlen angewiesen ist. Wiesenameisen sind seine Leibspeise und als Nahrungsquelle für ihn notwendig.*

fen, die das Ziel hat, Konflikte zu vermeiden oder zu beenden. Auf der Homepage der Justizministerien der Länder stehen entsprechende Informationsbroschüren für das Nachbarrecht zum Herunterladen bereit, wie beispielsweise in Baden-Württemberg (www.badenwuerttemberg.de/fileadmin/redaktion/dateien/PDF/Nachbarrecht.pdf).

Beim Nachbarrecht gelten innerhalb der Wohnbebauung (Innerortslage) teils andere Vorschriften, z. B. Grenzabstände, als in der freien Landschaft bzw. auf landwirtschaftlichen Flächen (Außerortslage). Für Obstwiesen als Teil der Kulturlandschaft gelten die Vorgaben zur Außerortslage und hier sind die gültigen Grenzabstände in aller Regel größer gewählt. Nachbarrechtsstreitigkeiten in Außerortslage, also im Bereich unserer Obstwiesen, kommen deutlich seltener vor als in dicht besiedelter Innerortslage.

Die im Nachbarrecht aufgeführten Angaben zu mittelstark wachsenden bzw. stark wachsenden Obstbäumen sind relativ schwammig und nicht immer eindeutig zuzuordnen, da zum Beispiel die Art der Unterlage nicht angegeben ist. Für mittelstark wachsende Obstbäume über 4 m Baumhöhe gilt ein Grenzabstand von 3 m, während stark wachsende Obstbäume im Abstand von mindestens 4 m von der Nachbargrenze gepflanzt werden sollten. Eine deutliche Ausnahme machen unveredelte Walnusssämlinge, die einen Abstand von mindestens 8 m haben müssen.

Klar ist, das Nachbarrecht ist Ländersache und kann daher von Bundesland zu Bundesland variieren. Die in diesem Buch aufgeführten Angaben gelten ausschließlich für Baden-Württemberg.

## Naturschutzrecht und Schutzstatus

Ziel des Naturschutzes ist es, die immer kleiner werdenden Lebensräume für Natur und Umwelt zu erhalten. Eine wichtige Grundlage für den Erhalt der Artenvielfalt ist dabei die Erhaltung typischer Lebensräume. Viele wertvolle Tier- und Pflanzenarten sind sogenannte Kulturfolger und mit ihrer Lebensweise an bestimmte Kulturlandschaften gebunden, die wiederum nur durch eine fachgerechte Pflege durch den Menschen weiterbestehen können. Unsere offenen und halboffenen Landschaften können in ihrer Erscheinungsform also nur durch Pflege erhalten bleiben. Ihre besonderen Eigenarten sind nicht nur für den Naturschutz, sondern auch für die Naherholung und den Tourismus bedeutsam.

### Betretungsrecht

In Baden-Württemberg wird das sogenannte Betretungsrecht von Flächen in der freien Landschaft in §§ 49, 51 NatSchG B-W geregelt. Nach § 49 dieses Gesetzes hat jede Person ein Recht auf Erholung in der freien Landschaft. In § 51 steht, dass die Außenflächen von jedermann zum Zweck der Erholung unentgeltlich betreten werden dürfen.

Das Betreten erfasst alle Bewegungsformen ohne Motorkraft – also auch bestimmte Geländesportarten und Geländespiele. Zelten und das Abstellen von Wohnmobilen und Wohnwagen sind allerdings nicht erlaubt. Zudem sind Einschränkungen zu beachten. So sind Äcker zwischen Saat und Ernte und Grünland während der Zeit des Aufwuchses bzw. Beweidung nicht zu betreten und man muss auf den Wegen bleiben.

### Naturschutzgesetz

Die rechtliche Grundlage für den bundesweiten Naturschutz ist das Bundesnaturschutzgesetz vom 29. Juli 2009, zuletzt geändert am 15. September 2017. Ziele des Naturschutzes sind u. a. Natur und Landschaft als Lebensgrundlage und Erholungsraum sowie als Naturerbe in Verantwortung für die künftigen Generationen zu schützen. Dabei kommt der biologischen Vielfalt (Biodiversität) und der Erhaltung der dazu erforderlichen Lebensräume eine große Bedeutung zu.

Im Rahmen des Arten- und Biotopschutzes wird es als notwendig angesehen, angemessene Lebensräume für wild lebende, heimische Tiere und Pflanzen zu erhalten oder zu schaffen, um z. B. dem Aussterben einzelner Arten wirksam zu begegnen.

Um diese Ziele zu erreichen, haben alle Bundesländer in ihren jeweiligen Naturschutzgesetzen die verschiedenen Schutzgebietskategorien definiert.

In Baden-Württemberg sind das u. a. gesetzlich geschützte Biotope nach § 30 BNatSchG und § 33 LNatSchG: definierte Biotope, Naturdenkmale, Naturparke (vorbildliche Landschaften für eine naturnahe Erholung), Landschaftsschutzgebiete (LSG, Landschaftsbild und Landschaftsfunktionen), Naturschutzgebiete (NSG, konkreter Schutzzweck definierter Biotope und Arten), Biosphärengebiet (großräumige Kulturlandschaften), Natura 2000 (FFH-Gebiete und Vogelschutzgebiete).

### Landschaftsschutzgebiete (§ 26 Abs. 2 BNatSchG)

Landschaftsschutzgebiete (LSG) haben gegenüber Naturschutzgebieten einen schwächeren Schutzstatus. Der Schwerpunkt liegt auf dem Erhalt der typischen Eigenschaften eines Lebensraumes, daher sind Handlungen verboten, die den Gebietscharakter verändern oder dem besonderen Schutzzweck zuwiderlaufen. Nähere Bestimmungen werden in einer Schutzverordnung festgelegt. Es besteht aber im Gegensatz zu einem Naturschutzgebiet kein „absolutes

Veränderungsverbot“. Der Begriff „Charakter des geschützten Gebiets“ bezieht sich auf Merkmale des Landschaftsbildes, z. B. einer Streuobstwiese. Nur solche Veränderungen sind verboten, die das Typische des Landschaftsbildes erkennbar verändern. In der Regel dürfen bei Obstwiesen, die im Landschaftsschutzgebiet liegen, ausschließlich Hochstämme auf stark wachsender Unterlage nachgepflanzt werden.

Beim zuständigen Landratsamt kann man erfahren, ob die eigene Obstwiese in einem Landschaftsschutzgebiet liegt und wenn ja, die entsprechend vorliegende Schutzverordnung einsehen.

### Naturschutzgebiet (NSG)

Bei Naturschutzgebieten möchte man insbesondere die Lebensräume bestimmter, gefährdeter Arten schützen und somit gelten hier deutlich ausgeprägtere Veränderungsverbote als in Landschaftsschutzgebieten. Ein Naturschutzgebiet ist die strengste Schutzform, die das Naturschutzgesetz vorsieht. Für jedes Naturschutzgebiet gelten individuelle Regelungen, die in einer speziellen Rechtsverordnung festgelegt sind. Die Bewirtschaftung einer Obstwiese im Naturschutzgebiet ist durch einige, gravierende Vorschriften etwas erschwert und man sollte sich anhand der

*Der Rotmilan ist eine gefährdete Greifvogelart. Seine Brutgebiete finden sich auch in Obstwiesenlandschaften, die aus diesem Grund besonders schützenswert sind.*

Rechtsverordnungen genau darüber informieren. Zuständige Behörden sind je nach Bundesland die obersten Naturschutzbehörden, meist jedoch die oberen Naturschutzbehörden, in der Regel Landesämter, Landesverwaltungsämter oder Regierungspräsidien, oder die unteren Naturschutzbehörden, in der Regel die Verwaltungen der Landkreise und kreisfreien Städte. In den Stadtstaaten sind abweichende Verwaltungsorganisationen möglich.

## Natura 2000

Laut Bundesministerium für Umwelt und Naturschutz (BMUB) ist Natura 2000 ein EU-weites Netz von Schutzgebieten zur Erhaltung gefährdeter oder typischer Lebensräume und Arten. Es setzt sich zusammen aus den Schutzgebieten der Vogelschutz-Richtlinie (Richtlinie 2009/147/EG) und den Schutzgebieten der Fauna-Flora-Habitat-Richtlinie (FFH-Richtlinie 92/43/EWG). Mit derzeit über 27 000 Schutzgebieten auf fast 20 Prozent der Fläche der EU ist Natura 2000 das größte grenzüberschreitende, koordinierte Schutzgebietsnetz weltweit. Insbesondere die EU-weite Vernetzung von Lebensräumen ist hier aus ökologischer und naturschutzfachlicher Sicht bedeutsam und leistet somit einen wichtigen Beitrag zum Schutz der biologischen Vielfalt in der EU. Da unsere Obstwiesen auch für viele Vogelarten einen wichtigen Lebensraum bieten, kommt ihnen auch hier eine besondere Bedeutung zu.

## EU-Vogelschutzrichtlinie

Für die Streuobstlandschaft lassen sich mehrere „Zielarten" benennen, die nach der EU-Vogelschutzrichtlinie (VSR) unter direktem Schutz stehen. Es sind dies u. a. Spechtarten wie Grauspecht, Mittelspecht und Wendehals, aber auch Rotkopfwürger und Halsbandschnäpper. Wichtig für diese Vogelarten ist das Grünland mit seiner reichen Insektenvielfalt als Nahrungsquelle und der Baumbestand zum Nisten. Beides können Obstwiesen bieten.

## FFH-Richtlinie

FFH steht für Flora-Fauna-Habitat. Flora meint dabei die Pflanzen- und Fauna die Tierwelt. Der Begriff Habitat bezeichnet den entsprechenden Lebensraum. Die FFH-Richtlinie definiert bestimmte Lebensraumtypen und ihre entsprechenden Arten, z. B. den Lebensraumtyp Magere Flachland-Mähwiese (Lebensraumtyp 6510). In Baden-Württemberg gibt es beispielsweise 420 000 ha FFH-Gebiete, davon 70 000 ha des Lebensraumtyps magere Flachland-Mähwiese. 52 % aller in Deutschland vorkommenden Pflanzenarten wachsen auf Grünland. In einer FFH-Wiese leben doppelt so viele Pflanzenarten und zehnmal mehr Tierarten als auf „normalem" Grünland.

Die Umsetzung der FFH-Richtlinie ist Anliegen aller zuständigen Behörden – in Baden-Württemberg sind dies Landratsamt und Regierungspräsidium. Eine erfolgreiche Umsetzung kann aber letztlich nur gemeinsam mit dem betroffenen Obstwiesenbewirtschafter gelingen.

Auf privaten Grundstücken kommt den Landwirtschaftsämtern an den Landratsämtern die Aufgabe zu, die Obstwiesenbewirtschafter zu beraten und bei der Umsetzung der Pläne und dem Erhalt der entsprechenden Lebensraumtypen zu unterstützen und über mögliche Förderungen zu informieren. Ein wichtiger Aspekt, aber auch möglicher Knackpunkt, ist das sogenannte Verschlechterungsverbot. Das Verschlechterungsverbot laut § 37 NatSchG besagt, dass Veränderungen oder Störungen, die zu erheblichen Beeinträchtigungen von FFH-Lebensraumtypen oder von FFH-Arten bzw. Arten der Vogelschutzrichtlinie führen können, unzulässig sind. Alle Vorhaben, Planungen oder Nutzungen sind vor dem

Hintergrund der Erhaltungsziele für diese Schutzgüter zu bewerten.

Insbesondere ein Altbestand aus mehreren Habitatbäumen mit Möglichkeiten für Bruthöhlen bildet die Idealvorstellung. Will der Baumbesitzer mehrere dieser aus obstbaulicher Sicht abgängigen Bäume roden und durch Neupflanzungen ersetzen, verstößt er genau genommen gegen das Verschlechterungsverbot. Wird ein Obstbaumbestand aber nicht nach und nach erneuert, ist dieser Lebensraum nach einer gewissen Zeit komplett verloren. Außerdem sollte dem Obstwiesenbewirtschafter neben naturschutzfachlichen Erwägungen auch eine notwendige obstbauliche Sicht gewährt werden. Hier ist – von beiden Seiten – eine gute und rechtzeitige Kommunikation dringend notwendig, damit die Naturschutzziele erreicht und die Obstwiese fachgerecht bewirtschaftet werden können.

*Dieser Obstbaum hat in seiner Jugend zwar einen Erziehungsschnitt erhalten, wurde aber in den letzten Jahren vernachlässigt. Insbesondere die langen Astüberhänge sollten eingekürzt und die Leitäste sowie die Stammverlängerung neu definiert werden.*

## Bewirtschaftungs- und Pflegepflicht

Die Bewirtschaftungs- und Pflegepflicht ist geregelt im § 26 Landwirtschafts- und Landeskulturgesetz (LLG) Baden-Württemberg.

Zur Verhinderung von Beeinträchtigungen der Landeskultur und der Landespflege sind die Besitzer von landwirtschaftlich nutzbaren Grundstücken verpflichtet, ihre Grundstücke zu bewirtschaften oder dadurch zu pflegen, dass sie für eine ordnungsgemäße Beweidung sorgen oder mindestens einmal im Jahr mähen. Die Bewirtschaftung und Pflege müssen gewährleisten, dass die Nutzung benachbarter Grundstücke nicht, insbesondere nicht durch schädlichen Samenflug, unzumutbar erschwert wird.

Wenn die Verbuschung des Obstgrundstücks droht, sollten Sträucher und wild aufgegangene Bäume entfernt werden. Beachten Sie aber die im Landesnaturschutzgesetz festgelegten Zeiten für das Entfernen des Wildwuchses. Entsprechend dem Naturschutzgesetz Baden-Württemberg ist es verboten – insbesondere aus Gründen des Vogelschutzes – in der Zeit vom 1. März bis 30. September Hecken, lebende Zäune, Bäume, Gebüsche, Röhrichtbestände zu roden, abzuschneiden oder auf andere Weise zu zerstören. Zulässig sind schonende Form- und Pflegeschnitte zur Beseitigung des Zuwachses der Pflanzen oder zur Gesunderhaltung von Bäumen. Diese Ausnahme der sogenannten schonenden Pflegeschnitte ist für die Obstbaumpflege von Bedeutung. Sie besagt, dass auch im genannten Zeitraum unsere Obstbäume bei Bedarf geschnitten werden können, beispielsweise sind trotz dieser Regelung Sommerschnittmaßnahmen grundsätzlich erlaubt.

Weitere Auskünfte zur Bewirtschaftungs- und Pflegepflicht erteilt das jeweils zuständige Landwirtschaftsamt an den Landratsämtern.

# Fachberatung

Wer sich als „Neueinsteiger" zum ersten Mal mit den Themen Obstbau, Obstwiesen und Grünlandpflege beschäftigt, fühlt sich schnell überfordert. Im Internet findet man zwar eine Menge zum Thema, doch fehlt die fundierte Beratung. Bei gezielten Fragen wenden Sie sich besser an folgende Institutionen.

## Landratsämter

Insbesondere in den Bundesländern Bayern, Baden-Württemberg und im Saarland gibt es an den Landratsämtern noch Fachberatungsstellen für Obst und Gartenbau. Unter anderem wegen der landesweiten Einführung der Ausbildung zum LOGL – Geprüften Obst- und Gartenfachwart® durch den Landesverband für Obstbau, Garten und Landschaft Baden-Württemberg e.V. (LOGL) entwickelte sich bei mehreren Beratungsstellen auch ein gewisser Schwerpunkt in der Obstwiesenberatung. Heute sind die Kreisfachberater an den Landkreisen für alle Neueinsteiger in der Obstwiesenpflege wichtige Ansprechpartner. Sie beraten in Anbaufragen und vermitteln ebenfalls Verständnis für naturschutzfachliche Belange. Durch Schnitt- und Veredelungskurse sowie Fachvorträge sind sie wichtige Partner bei der Erwachsenenbildung und eine kompetente Möglichkeit der Landkreise, um aktiv Streuobstförderung zu betreiben. Häufig

*Viele Obst- und Gartenbauvereine veranstalten Schnittkurse und tragen auf diese Weise zum Wissenserhalt in der Obstwiesenpflege bei.*

sind sie wichtige Partner bei der Durchführung der Ausbildung zum LOGL – Geprüften Obst- und Gartenfachwart®.

Der Verband der Bediensteten für Obstbau, Gartenbau und Landespflege Baden-Württemberg e.V. (VBOGL) listet auf seiner Homepage die Dienststellen der Landkreise in Baden-Württemberg auf (www.vbogl.de/vbogl_verband/landkreise.html).

Neben der Unterhaltung einer Obstbauberatungsstelle bieten viele Landkreise auch weitere Beratungs- und Fördermöglichkeiten für den Streuobstbau. Die Landratsämter mit ihren Umwelt- und Naturschutzabteilungen sind ebenfalls wichtige Ansprechpartner und Entscheidungsbehörden für naturschutzfachliche Belange.

## Verbände und Vereine

Es gibt inzwischen erfreulich viele Verbände, Organisationen und Institutionen, die sich für den Erhalt unserer heimischen Obstwiesen einsetzen. Je nach Historie und satzungsgemäßen Aufgaben bzw. Gesamtausrichtung, ist der Zugang zum Thema etwas unterschiedlich, aber letztlich haben alle Aktivisten dasselbe Ziel. So beschäftigen sich Pomologenvereine vornehmlich mit der Sortenbestimmung und die verschiedenen Naturschutzvereinigungen mit ökologischen Zusammenhängen und dem Schutz von Lebensräumen. Die Obst- und Gartenbauvereine wiederum sind historisch begründet aus dem Obstanbau heraus ent-

*Die Kombination aus (Obst-)baum und (Blumen-)wiese macht unsere Obstwiesen zu einer einzigartigen, ökologisch wertvollen Kulturlandschaft.*

standen und haben überwiegend bäuerlich strukturierte Wurzeln.

Die Obstbauverbände und Obstbauvereine, gemeinsam mit den Baumwartevereinigungen sind im Grunde die „Schöpfer" unseres heutigen als so wertvoll erachteten Altbestands. Bei diesen Vereinigungen liegt heute noch der Schwerpunkt in obstbaufachlichen Dingen. Allerdings vermischen sich die Schwerpunkte der einzelnen Gruppierungen immer mehr. Wenn dann der Wettbewerbsgedanke nicht zu sehr im Vordergrund steht und ein regelmäßiger Austausch gepflegt wird, kann die Kulturlandschaft Obstwiese nur davon profitieren.

## Obst- und Gartenbauvereine

Verband der Gartenbauvereine in Deutschland e.V. (VGiD)
www.gartenbauvereine.de

Bayerischer Landesverband für Gartenbau und Landespflege e.V.
www.gartenbauvereine.org

LOGL Hessen e.V., Dachverband der Obst- und Gartenbauvereine in Hessen
www.logl-hessen.de

Landesverband der Gartenbauvereine NRW e.V.
www.gartenbauvereine.de/nrw

Verband der Gartenbauvereine Saarland/Rheinlandpfalz e.V.
www.gartenbauvereine.de/saarland_rheinland-pfalz

Landesverband für Obstbau, Garten und Landschaft Baden-Württemberg e.V. (LOGL)
www.logl-bw.de

## Pomologen

Pomologen-Verein e.V.
www.pomologen-verein.de

## Naturschutzorganisationen und Umweltverbände

Bund für Umwelt und Naturschutz e.V. (BUND)
www.bund.net

Bundesamt für Naturschutz
www.bfn.de

Naturschutzbund Deutschland e.V. (NABU)
www.nabu.de

Landschaftspflegeverband Mittelfranken
www.lpv-mittelfranken.de

Lüneburger Streuobstwiesen e.V.
www.streuobst-lueneburg.de

Fructus
Verein zur Förderung alter Obstsorten
www.fructus.ch

Bundesarbeitsgruppe Streuobst im NABU (BAG)
www.streuobst.de

ProSpecieRara
Ein Netzwerk zum Schutz gefährdeter Nutzpflanzen
www.prospecierara.ch

## Obstbaufachberatung

Verband der Bediensteten für Obstbau, Gartenbau und Landespflege e.V. (VBOGL)
www.vbogl.de

Bayerische Landesanstalt für Weinbau und Gartenbau, Veitshöchheim
www.lwg.bayern.de/gartenbau/obstbau/index.php

Landesbetrieb Landwirtschaft Hessen
www.llh.hessen.de/pflanze/obstbau

## LOGL – Geprüfter Obst- und Gartenfachwart®

Wer sich für die Obstwiesenbewirtschaftung interessiert, braucht Ansprechpartner und eine qualifizierte Beratung. Verschiedene Möglichkeiten für eine Fachberatung wurden bereits in diesem Kapitel (Seite 123) genannt. Wer tiefer in das Thema (Streu-)Obstanbau einsteigen möchte, dem reicht der mehrmalige Besuch eines drei- bis vierstündigen Schnittkurses vielleicht nicht mehr aus. Zwar bieten Schnittkurse einen optimalen Einstieg in die Materie, in der Regel ist man allerdings nur „Zuschauer" und schneidet oder sägt nicht selbst. Der eigene Umgang mit Säge und Schere unter fachlicher Anleitung ist aber eine wichtige Grundvoraussetzung, um den Obstbaumschnitt zu erlernen.

Der Landesverband für Obstbau, Garten und Landschaft Baden-Württemberg e.V. (LOGL) hat diesen Aspekt bereits im Jahr 1996 erkannt und eine Fachwarteausbildung entwickelt. Früher war die staatlich geprüfte Baumwarteausbildung ein Beruf, der auf Bezirks- und Gemeindeebene ausgeübt wurde. Dieser Baumwartebewegung haben wir die Gründung vieler Obstbauvereine und den ausgedehnten Altbestand in unseren Obstwiesen zu verdanken. Die Ausbildung zum staatlich geprüften Obstbaumwart war eine Berufsausbildung, die sich über deutlich mehr als 300 Stunden ausdehnte und mit einer umfassenden Prüfung abgeschlossen wurde. Aus der Bezirksbaumwartebewegung entwickelten sich letztlich die Kreisfachberatungsstellen der Landkreise. Nahezu jeder Landkreis hatte seinen Obstbauinspektor, der gemeinsam mit den

*Zu jeder Jahreszeit sind Obstwiesenbegehungen unter fachlicher Führung eine gute Möglichkeit, Informationen über Schnittmaßnahmen und Sorteneigenschaften zu erhalten.*

Landsobstbauverbänden das Ziel hatte, den Obstbau voranzubringen. Der Erwerbs- und Selbstversorgerobstbau spielte sich in der Hauptsache in der freien Landschaft ab.

Da es wenig realistisch erschien, die Berufsausbildung zum Obstbaumwart wieder aufleben zu lassen, hat der LOGL in Abstimmung mit dem Ministerium für Ernährung und Ländlichen Raum Baden-Württemberg und den Kreisfachberatern an den Landkreisen eine Fachwarteausbildung entwickelt. Grundlage ist ein landeseinheitlicher Ausbildungsrahmenplan: Neben dem obstbaulichen Schwerpunkt werden Grundlagen zu Botanik, Pflanzenernährung, Pflanzenschutz, Gemüseanbau und Gartengestaltung vermittelt. Trotz der notwendigen Theorie wird besonderer Wert auf die Praxis gelegt. Die Teilnehmerinnen und Teilnehmer müssen selbst zur Schere und Säge greifen. Der Anteil der Schnittpraxis muss wenigstens 40 Stunden betragen. Die Ausbildung gliedert sich in eine schriftliche Prüfung und einen mündlichen Teil. Immer mehr Ausbilder gehen dazu über, neben der schriftlichen und mündlichen Prüfung auch einen praktischen Teil einzubauen. Dabei müssen die Prüflinge selbstständig einen Obstbaum schneiden und in einer Baumansprache bestimmte Maßnahmen begründen. Der LOGL hat – wiederum in Abstimmung mit den Kreisfachberatern – Schulungsunterlagen erarbeitet, nimmt gemeinsam mit seinen Ausbildungspartnern die Prüfungen ab und verleiht Ausweis und Urkunde.

Die Obst- und Gartenfachwarte können als Ansprechpartner für Fragen rund um die Themen Obst, Garten und Landschaft dienen und so das fachliche Niveau in den Obst- und Gartenbauvereinen erhalten und die Arbeit der Fachberater an den Landratsämtern sinnvoll unterstützen. Veranstalter vor Ort ist in der Regel ein Kreis- bzw. Bezirksverband des LOGL, wo möglich in enger Abstimmung und Zusammenarbeit mit den Kreisfachberatern der Landkreise. Die Teilnahme an der Ausbildung steht grundsätzlich jedem offen und ist nicht an eine Mitgliedschaft im LOGL gebunden.

Die Ausbildung zum LOGL – Geprüften Obst- und Gartenfachwart® zahlt sich aus, da viele Fachwarte ein großes Engagement an den Tag legen. Durch ihre Ausbildung tragen sie zum Erhalt der landschaftsprägenden Streuobstwiesen bei. Weitere Informationen zur Ausbildung erhält man über den LOGL (www.logl-bw.de) und bei den beteiligten Landkreisen.

## Fortbildungsmaßnahmen

### Obst- und Gartenbauvereine (OGV)

Obst- und Gartenbauvereine veranstalten Schnitt- und Veredelungskurse und organisieren Fachvorträge zu obst- und gartenbaulichen Themen. Einige OGV (www.gartenbauvereine.de) unterhalten Obstlehrgärten und Obstlehrpfade und treffen sich in regelmäßigen Abständen zu Fachstammtischen, wo man seine Fragen loswerden kann. In manchen Fällen besteht die Möglichkeit, Arbeitsgeräte auszuleihen oder Hilfe bei der Suche nach einer Obstwiese oder eines Gartengrundstücks zu bekommen.

### Naturschutzvereine

Ortsvereine des BUND (www.bund.net) und NABU (www.nabu.de) organisieren Vorträge und Seminare zum Thema Vogelschutz, Nistkastenbau und organisieren vogelkundliche Wanderungen. Sie betreuen Naturschutzgebiete und geben wichtige Tipps zu einer umweltschonenden Lebensweise.

## Obstbauliche Versuchsanstalten und Institute

Auf ihren Internetpräsentationen geben verschiedene obstbauliche Einrichtungen wertvolle Tipps zu den Themen Pflanzenschutz, Sortenwahl, Bodenpflege und Düngung. Hier sind folgende Standorte zu nennen:

Landesversuchsanstalt für Wein- und Obstbau, Weinsberg (LVWO)
www.lvwo-bw.de

*Notieren Sie genau, welche Obstsorte wo auf Ihrer Obstwiese steht. Sortenschilder aus Papier oder Kunststoff werden schneller unleserlich als Sie denken.*

Landwirtschaftliches Technologiezentrum Augustenberg, Karlsruhe (LTZ)
www.ltz-bw.de

Landesversuchsanstalt für Gartenbau, Heidelberg (LVG)
www.lvg-heidelberg.de

Kompetenzzentrum Obstbau Bodensee, Bavendorf (KOB)
www.kob-bavendorf.de

Deutsche Genbank Obst des Julius-Kühn-Institutes, Dresden-Pillnitz
www.deutsche-genbank-obst.de

Bayerische Landesanstalt für Landwirtschaft, Freising
www.lfl.bayern.de

Bayerische Landesanstalt für Weinbau und Gartenbau
www.lwg.bayern.de

Hochschule Weihenstephan-Triesdorf
www.hswt.de

Technische Universität München (TUM) Wissenschaftszentrum Weihenstephan für Ernährung, Landnutzung und Umwelt
www.wzw.tum.de

Lehr- und Beispielbetrieb für Obstbau Deutenkofen
www.obstbau-deutenkofen.de

Ausbildungs- und Informationszentrum für Obstbau in Hiltpoltstein
www.kulturerlebnis-fraenkische-schweiz.de/obst.html

Universität für Bodenkultur Wien
www.dnw.boku.ac.at/wob

## Freilichtmuseen

Einige Freilichtmuseen in Deutschland haben das Thema Obstwiesen ebenfalls aufgenommen und veranstalten mit Kreisfachberatungsstellen und Obst- und Gartenbauvereinen Obstsortenausstellungen. Außerdem informieren Pomologen über traditionelle Obstverarbeitung und historische Sorten und beantworten Fragen rund um den Obstanbau. Auch an den Obstwiesenführungen und den Obstsortenbestimmungen kann man mit der ganzen Familie teilnehmen. Die Standorte in Baden-Württemberg und ihre Schwerpunkte finden Sie mit einem Klick (www.landmuseen.de). Eine andere Internetadresse (www.vl-freilichtmuseen.de) listet bundesweit viele Freilichtmuseen auf. Das größte in Hessen nennt sich Hessenpark (www.hessenpark.de) und das Obstwiesenprogramm von Oberbayerns schönem, nahe Murnau gelegenem Glentleiten (www.glentleiten.de) können Sie im Netz nachlesen. Ansonsten erfahren Sie unter Freilicht-/Freilandmuseum mit Zugabe des jeweiligen Bundeslandes Adresse und Veranstaltungsprogramm von weiteren Museen – vielleicht sogar ganz in Ihrer Nähe.

## Volkshochschulen

In den Programmen der Volkshochschulen werden ebenfalls Vorträge, Kurse und Seminare zu obst- und gartenbaulichen Themen angeboten. Die Jahresprogramme findet man im Internet. Unter dem Dach des Deutschen Volkshochschulverbandes (DVV) engagieren sich bundesweit 899 Volkshochschulen und 16 Landesverbände für Weiterbildung und eine breite Bildungsarbeit.

## Fachwartefortbildungen

Über den LOGL werden in Baden-Württemberg umfangreiche Fachwartefortbildungen in Zusammenarbeit mit staatlichen Lehr- und Versuchsanstalten angeboten. Auch auf Kreisebene bieten viele Fachberater Weiterbildungsmaßnahmen an. In einigen Landkreisen haben sich Baum- und Fachwartevereinigungen gebildet, die die verschiedenen Fortbildungsmaßnahmen koordinieren bzw. selbst anbieten.

## LOGL – Geprüfter Obstbaumpfleger®

Für Fachwarte, die verstärkt in der Obstwiesenpflege tätig werden wollen, hat der LOGL die Zusatzqualifikation LOGL – Geprüfter Obstbaumpfleger® entwickelt. Auslöser war das EU-Förderprogramm LifePlus „Vogelschutz in Streuobstwiesen“.

Voraussetzung zur Teilnahme an einem Obstbaumpflegerkurs ist die abgeschlossene Ausbildung zum Obst- und Gartenfachwart (siehe Seite 126). Die Ausbildung hat neben der obstbaufachlichen Komponente einen zusätzlichen Schwerpunkt in der naturschutzgerechten Schnitttechnik von alten Obstbaumbeständen. Der Unterricht beinhaltet darüber hinaus eine Schulung zum europäischen Schutzgebietsnetz Natura 2000 und den speziellen Erfordernissen der Streuobstpflege im Hinblick auf den Vogelschutz.

Ziel des Netzwerkes Natura 2000 ist die Erhaltung der biologischen Vielfalt in Europa. Die ausgebildeten Obstbaumpfleger sollen überalterte Streuobstbestände so pflegen, dass sie weiterhin Lebensraum für bedrohte Vogelarten wie Halsbandschnäpper, Wendehals, Neuntöter und Grauspecht bieten können.

# Service

Wo bekomme ich alte Obstsorten her, die nicht jede Baumschule im Sortiment hat? Wer kann mir bestimmte Edelreiser liefern, wenn ich einen Obstbaum veredeln möchte?
In diesem Kapitel bemühen wir uns, einen Teil Ihrer „brennenden“ Fragen zur Materie zu beantworten, oder geben Tipps, an wen Sie sich wenden können.

# Bezugsquellen

### Obstbäume

Obstbäume verschiedener Arten und Sorten bezieht man am besten bei einer nahegelegenen Baumschule, die ihre Obstbäume noch selbst veredelt. Diese Pflanzen sind das regionale Klima bereits gewohnt und wachsen besser an als Massenware aus Südeuropa, die an einen gänzlich anderen Standort verpflanzt wird. Beim Landesverband für Obstbau, Garten und Landschaft Baden-Württemberg e. V. (LOGL) gibt es Listen von Baumschulen, die auch ältere Obstsorten in ihrem Sortiment haben (www.logl-bw.de/index.php/logl-themen/streuobst).

Ein großes Angebot bietet der Bund Deutscher Baumschulen (www.gruen-ist-leben.de) oder Sie besuchen die bundesweite Datenbank der Deutschen Bundesstiftung Umwelt (www.streuobstapfel.de) und finden alles Wissenswerte über den Streuobstanbau auch in Ihrer Region. Von den unterschiedlichen Apfelsorten, über Baumschulen bis zu einzelnen Keltereien ist alles aufgelistet.

### Edelreiser

Einige Kreisfachberater der Landkreise und auch verschiedene Obst- und Gartenbauvereine schneiden und etikettieren Reiser für den Eigenbedarf. Hier lohnt es sich in jedem Fall einmal anzufragen. Insbesondere Reiser von alten Apfel- und Birnensorten kann man über die Deutsche Genbank Obst des Julius-Kühn-Institutes in Dresden-Pillnitz und die Sortenerhaltungszentrale am Kompetenzzentrum Obstbau Bodensee (KOB) in Ravensburg-Bavendorf beziehen.

Weitere Infos finden Sie auf den Homepages des Julius Kühn-Institutes (www.deutsche-genbank-obst.de), des KOB (www.kob-bavendorf.de) und des Lüneburger Streuobstwiesenvereins (www.streuobst-lueneburg.de/obstsorten.php).

### Zertifiziertes Wildpflanzensaatgut

Firmen wie Rieger-Hofmann GmbH (www.rieger-hofmann.de) und Hof Berggarten GbR (www.hof-berggarten.de) oder Syringa (www.syringa-pflanzen.de) liefern Saatgut zur Anlage einer Blumenwiese.

# Berufsgenossenschaft

Zuständige Berufsgenossenschaft ist die Sozialversicherung für Landwirtschaft, Forsten und Gartenbau (SVLFG). Auf deren Internetseite (www.svlfg.de) finden Sie weitere Informationen zur Arbeitssicherheit.

# Fördermöglichkeiten

Neben dem gesetzlichen Schutz ist es in unserer Kulturlandschaft wichtig, den Bewirtschaftern positive Anreize zu bieten, da eine extensive Bewirtschaftung in der Praxis nicht „verordnet“ werden kann.

Für Privatpersonen gibt es vom Bund leider kaum Fördermöglichkeiten zur Obstwiesenpflege. Auf Länderebene werden hingegen verschiedene Maßnahmen zur Förderung angeboten, bitte informieren Sie sich in Ihrem Bundesland. In Baden-Württemberg gab es beispielsweise das Förderprogramm „Baumschnitt“. Die aktuelle Förderung läuft demnächst aus, soll aber in den kommenden Jahren neu aufgelegt werden.

Etliche Landkreise und Gemeinden bieten ebenfalls Fördermöglichkeiten, zum Beispiel zur Nachpflanzung von Hochstammobstbäumen. Wenden Sie sich an die Ansprechpartner vor Ort, etwa landwirtschaftliche oder naturschutzfachliche Verwaltungseinrichtungen, Ministerien, Regierungspräsidien, Kammern und Ämter, um zu erfahren, welche Möglichkeiten es gibt. Außerdem besteht die Möglichkeit, im Rahmen von Flurneuordnungsverfahren oder dem Ökokonto Maßnahmen im Streuobst zu unterstützen.

# Fachbegriffe

Bei Vorträgen, in Informationsbroschüren werden immer wieder Fachbegriffe verwendet. Wir möchten Ihnen in diesem Buch einige der gebräuchlichsten in alphabetischer Reihenfolge auflisten.

**Ableiten**
Einkürzen eines Triebes auf einen flach stehenden Seitenast.

**Adventivknospen**
Knospen im Wurzelbereich, aus denen Neutriebe gebildet werden. Diese sogenannten Wurzelausläufer werden gerne von Zwetschgen auf nicht mehr gebräuchlichen Unterlagen gebildet und sind unerwünscht.

**Alternanz**
Wechsel zwischen Vollertrag und nahezu Nullertrag. Dieses Phänomen tritt häufig insbesondere bei Apfelbäumen, aber auch bei Birnen im Streuobstanbau auf. Die Neigung zur Alternanz ist sortenabhängig und kann durch mangelnde Pflege, Blütenfröste oder zu starken Schnitt ausgelöst werden. Im Vollertragsjahr werden für das nächste Jahr nur sehr wenig Blütenknospen angelegt, in Jahren mit Ertragsausfall ist dagegen mit einem überreichen Blütenansatz zu rechnen. Diese Problematik sollten Sie beim Schnitt berücksichtigen.

**Anschneiden**
Schnitt eines Jungtriebes innerhalb des im letzten Jahr gewachsenen Bereiches.

**Astabgangswinkel**
Je steiler ein Ast aus dem Stamm abgeht, umso mehr Wachstum wird er haben und dafür weniger fruchtbar sein. Steiler Winkel bedeutet viel Wachstum und wenig Frucht. Flacher Winkel bedeutet wenig Wachstum und viel Frucht.

**Astring**
Astkragen, der beim Entfernen eines stärkeren Astes am Stamm verbleiben sollte, um die Wundheilung zu ermöglichen.

**Bag-in-Box**
Folienbeutel mit Ablasshahn im Karton, gängige Möglichkeit Apfelsaft haltbar zu lagern.

**Blattknospe**
Flach oder spitz ausgebildete Knospe, aus der sich keine Blüten, sondern nur Blätter entwickeln.

**Biodiversität**
Artenvielfalt bedingt durch entsprechende Lebensräume für Tiere und Pflanzen. Obstwiesen weisen eine hohe Biodiversität auf.

**Edelreis**
Einjähriger Langtrieb einer Edelsorte, der auf eine Unterlage (Trägersorte) veredelt wird.

**Erhaltungsschnitt**
Dient zur Erhaltung des Kronengerüstes, der Neutriebbildung und der Fruchtqualität.

**Erneuerungsschnitt**
Hauptziel ist die Bildung von Neutrieben, um eine überalterte Krone zu verjüngen.

**Erziehungsschnitt**
Nach dem Pflanzschnitt schließt sich der Erziehungsschnitt an. Über mehrere Jahre wird durch den fachgerechten Schnitt die Form der Krone entwickelt (erzogen).

**Flachwurzler**
Gehölze, die keine Pfahlwurzel ausbilden und ihre Hauptwurzelmasse relativ nahe an der Bodenoberfläche bilden.

**FFH-Gebiete**
Abkürzung steht für Flora (Pflanzenwelt), Fauna (Tierwelt) und Habitat (Lebensraum). Gebiete mit entsprechendem Schutzstatus für Tier- und Pflanzenwelt.

**Freimachen**
Wenn die Veredelungsstelle eines Obstbaumes in die Erde vergraben wird, kann es passieren, dass die Edelsorte eigene Wurzeln bildet (sich freimacht). Dadurch entstehen ein zu starkes, vegetatives Wachstum und ein deutlich verzögerter Ertragsbeginn.

**Fruchtast/Fruchtholz**
Ist an den Leitästen und der Stammverlängerung angeordnet, trägt die Früchte, muss gut belichtet und regelmäßig verjüngt werden. Obstarten und -sorten unterscheiden sich teilweise erheblich bei der Fruchtholzbildung, was beim Schnitt unbedingt berücksichtigt werden muss.

**Fruchtholzschnitt**
Auslichten von abgetragenem Fruchtholz auf jüngere Fruchttriebe.

**Halbstamm**
1,20 m bis 1,50 m Stammhöhe bis zu Beginn des Astgerüstes.

**Hochstamm**
1,60 m bis 1,80 m Stammhöhe bis zu Beginn des Astgerüstes.

**Juniriss**
Junge, unverholzte Konkurrenztriebe werden, insbesondere an den Triebspitzen, ausgerissen.

**Konkurrenztrieb oder Afterleittrieb**
Neutrieb, der dem Leittrieb (Leitastverlängerung) am nächsten steht und ihm seine Funktion streitig macht. Er muss in der Regel entfernt werden.

**Leitäste**
Sind dem Mitteltrieb in der Höhe etwas untergeordnet und bilden mit ihm das Kronengerüst. Sie leiten durch ihren schräg nach oben weisenden kräftigen Wuchs das Wachstum des Baumes in die Breite. Sie bleiben auf Lebenszeit im Baum und können nicht ersetzt oder ausgetauscht werden.

**Leitastverlängerung**
Bezeichnet den Zuwachs, der als Reaktion auf den Pflanz- oder Erziehungsschnitt (Anschnitt) an einem Leitast entstanden ist. Die Leitastverlängerung soll den Leitast ohne Knick und steil genug nach oben weiterführen (verlängern).

**Mitteltrieb/Stammverlängerung**
Mittlerer Leitast, der in der Höhe etwas über den seitlich angeordneten Leitästen steht und Teil der Pyramidenkrone ist.

**Pflanzschnitt**
Erster Schnitt an einem neu gepflanzten Gehölz, mit dem die künftige Kronenform festgelegt wird.

**Pfropfkopf**
Wird ein Obstbaum umveredelt, sägt man die Leitäste, die man veredeln möchte, auf eine passende Stelle zurück (abwerfen). In die entstandene Schnittstelle (Pfropfkopf) werden die Reiser eingesetzt.

**Physiologisches Gleichgewicht**
Jedes Gehölz hat ein Gleichgewicht zwischen Wurzelwachstum, Triebzuwachs und Fruchtentwicklung. Dieses System ist sehr sensibel und reagiert negativ auf äußere Einflüsse wie Wind, Schnee, Frost, zu starke Schnittmaßnahmen, falsche Düngung, Krankheiten und Schädlinge. Nur wenn beim Obstbaum das Triebwachstum und die Fruchtentwicklung ausgeglichen sind,

bekommt man regelmäßige Erträge und langlebige, vitale Bäume.

**Reißen**
Insbesondere im Juni – daher auch der Name Juniriss – werden unnötige Triebe im Baum durch Ausreißen entfernt. Potenzielle Wasserschosse werden mit dem Ansatz und inkl. der schlafenden Augen (Ruheknospen) weggerissen. Die durch das Reißen entstehende Wunde regt den Baum zum Wundverschluss an und hemmt das Triebwachstum. Bei zu später Durchführung sind die Triebe an der Basis bereits verholzt und damit nicht mehr so einfach wegzureißen, es bleiben spitze Stummel zurück.

**Saftwaage**
Rückschnitt der Leitäste auf gleicher Höhe.

**Sämling**
Aus einem Samen entstandener, unveredelter Obstbaum. Wird ein Sämling als Unterlage verwendet, spricht man von einer Sämlingsunterlage.

**Schlafende Augen**
Unsichtbare Reserveknospen im Holz, die erst nach einem Rückschnitt austreiben.

**Schlitzast**
Seitenast am Stamm mit zu steilem Astansatzwinkel. Der Ast ist unzureichend verankert und kann bei Belastung ausschlitzen.

**Sukzession**
Unterbleibt das Mähen des Grünlandes über mehrere Jahre setzt eine Verbuschung mit Übergang zu waldähnlichen Strukturen ein, diesen Vorgang nennt man Sukzession.

**Triebknospe**
Flach ausgebildete Knospe, die keine Blüten, sondern nur einen neuen Trieb mit den daran wachsenden Blättern beinhaltet.

**Überbauung**
Zu starke, triebgeförderte Äste im oberen Kronenbereich bilden ein Schattendach zu Lasten der unteren Triebe.

**Umpfropfen**
Obstbäume einer unerwünschten Sorte können umveredelt werden, indem man Edelreiser auf diese aufpfropft bzw. hinter die Rinde veredelt. Vergleiche auch Pfropfkopf.

**Unterlage**
Wurzel, auf welche die Edelsorte veredelt wurde. Beeinflusst insbesondere über die Wuchsstärke des Obstbaumes die endgültige Größe und Ausdehnung eines Gehölzes, aber auch die Standfestigkeit, Gesundheit und das Ertragsverhalten.

**Veredelungsstelle**
Bezeichnet den Übergang von der Edelsorte zur Unterlage. Der Unterlagenknubbel muss nach der Pflanzung etwa handbreit über dem Boden sein.

**Vergreiste Krone**
Durch langjährig fehlenden Erhaltungsschnitt ist die Krone völlig überaltert und hat nur noch eine schwache Neutriebbildung.

**Wasserschosse**
Senkrecht stehende, starkwüchsige, einjährige, vegetative Triebe, die als Reaktion auf starken Rückschnitt in der Krone entstehen.

**Zeigerpflanze**
Bestimmte Grünpflanzen zeigen durch ihre Anwesenheit bestimmte Standortfaktoren wie trocken, nährstoffreich, nährstoffarm oder kalkhaltig an.

**Zapfen**
Bei Süßkirschen wird beim Entfernen eines Astes ein etwa 10–20 cm langer Stummel stehen gelassen, um einem Zurücktrocknen bzw. Pilzinfektionen vorzubeugen. Beim Kernobst werden beim Schneiden Zapfen in der Regel vermieden und man achtet auf eine saubere Schnittführung.

# Sorten

Sortiert nach der Reifezeit finden Sie hier Standard- sowie weniger verbreitete, erhaltenswerte Lokalsorten. Neben der Verwendung als Tafelobst (Tafel) steht bei manchen Sorten das Dörren, Brennen oder die Saftgewinnung als Verwertungsmöglichkeit (Verw.) im Vordergrund.

| Apfel | Reifezeit | Haltbar bis | Tafel | Verw. | Besonderheiten |
|---|---|---|---|---|---|
| Alkmene | E. Aug. | Nov. | X | | Robust, fruchtbar, schmackhaft, auch für höhere Lagen |
| Jakob Fischer | E. Aug. | Okt. | X | X | Guter Stammbildner, etwas schorf- und krebsanfällig, auch für höhere Lagen |
| Oldenburg | Sept. | Nov. | X | X | Fruchtbar, guter Pollenspender, etwas krebsanfällig, lässt im Lager schnell nach |
| Rebella | M. Sept. | Nov. | X | X | Mehrfachresistent, Massenträger |
| Danziger Kant | Sept. | Dez. | X | X | Auch für Höhenlagen, etwas schorfanfällig |
| Florina | Sept. | Febr. | X | X | Schorfresistent, etwas mehltauempfindlich, auch für höhere Lagen |
| Rubinola | Sept. | Jan. | X | X | Schorfresistent, sparriger Wuchs, aromatisch |
| Rewena | E. Sept. | Febr. | X | X | Mehrfachresistent, hängender Wuchs |
| Luikenapfel | E. Sept. | Dez. | (X) | X | Sehr späte Blüte, stark wachsend, auch für höhere Lagen, guter Mostapfel |
| Sonnenwirtsapfel | E. Sept. | Dez. | | X | Sehr robust, auch für höhere Lagen |
| Börtlinger Weinapfel | A. Okt. | Dez. | | X | Regelmäßiger Massenträger |
| Gehrers Rambur | M. Okt. | Nov. | (X) | X | Robust, trauerweidenähnlicher Wuchs |
| Hilde | M. Okt. | Feb. | | X | Robust geg. Feuerbrand u. Schorf, gute Saftausbeute, schwacher Wuchs, kleinkronig |
| Topaz | M. Okt. | Feb. | X | | Schorfresistent, anfällig für Rußflecken und Feuerbrand |
| Rote Sternrenette | Okt. | Dez. | X | X | Roter Weihnachtsapfel, kleinkronig |
| Boskoop | Okt. | März | X | X | Robust, holzfrostempfindlich, breite Krone |
| Zabergäu-Renette | Okt. | März | X | X | Früchte ähnlich Boskoop |
| Hauxapfel | Okt. | März | | X | Guter Stammbildner, auch für Höhenlagen |
| Kaiser Wilhelm | Okt. | März | X | X | Krebs- und fruchtfäuleanfällig |
| Maunzenapfel | Okt. | März | | X | Stammbildner, sehr frosthart, mehltau-anfällig, für Höhenlagen geeignet |
| Rhein. Winterrambur | Okt. | April | (X) | X | Breite, flache Krone |

| Apfel | Reifezeit | Haltbar bis | Tafel | Verw. | Besonderheiten |
|---|---|---|---|---|---|
| Brettacher | Okt. | Mai | (X) | X | Sehr robust, ertragssicher, wärmere Standorte |
| Kardinal Bea | Okt. | Jan. | X | X | Pollenspender, vielseitig verwertbar, auch für höhere Lagen |
| Jakob Lebel | Okt. | Feb. | | X | Guter Backapfel, etwas schorfanfällig, auf schweren Böden krebsanfällig |
| Glockenapfel | Okt. | Mai | | X | Auf schweren Böden krebsanfällig, schorfanfällig |
| Ontario | Okt. | Mai | X | X | Kleinkronig, holzfrostempfindlich, mehltauanfällig |
| Rheinischer Krummstiel | Okt. | Mai | | X | stark wachsend, hängender Wuchs, schlecht verzweigend, gut lagerfähig |
| Enterprise | E. Okt. | Febr. | X | X | Schorf- und feuerbrandresistent |
| Champagner Renette | E. Okt. | April | X | X | Krebsanfällig, holzfrostempfindlich |
| Rheinischer Bohnapfel | A. Nov. | Mai | | X | Bei guter Reife bester Mostapfel |
| Bittenfelder | Nov. | März | | X | Hoher Säuregehalt, gut reifen lassen |

| Birnen | Reifezeit | Haltbar bis | Tafel | Verw. | Besonderheiten |
|---|---|---|---|---|---|
| Frühe aus Trevoux | Aug. | Sept. | | X | Saftig, auch für höhere Lagen |
| Harrow Delight | M. Aug. | E. Aug. | X | X | Schwachwachsend, feuerbrandresistent, hervorragende Brennsorte |
| Wahl'sche Schnapsbirne | A. Sept. | A. Sept. | | X | Hervorragende Brennsorte |
| Gute Graue | A. Sept. | E. Sept. | X | X | Schöner Landschaftsbaum, sehr robust |
| Nägelesbirne | A. Sept. | M. Sept. | | X | Gute Brennsorte |
| Fässlesbirne | A. Sept. | M. Sept. | | X | Wertvolle Dörr- und Brennsorte |
| Palmischbirne | Sept. | A. Okt. | | X | Gute Brennsorte |
| Conference | Sept. | Nov. | X | | Saftig, aromatisch, sehr fruchtbar |
| Gellerts Butterbirne | Sept. | Okt. | X | X | Schöner Landschaftsbaum, Pollenspender, schorfanfällig |
| Herzogin Elsa | Sept. | Okt. | X | | Auch für Höhenlagen |
| Köstliche aus Charneux | E. Sept. | Okt. | X | X | Gute Brennsorte, etwas schorfempfindlich |
| Karcherbirne | E. Sept. | E. Sept. | | X | Jungtriebe stark hängend |
| Wilde Eierbirne | E. Sept | M. Okt. | | X | Robust, hohe Zuckergehalte, daher gut geeignet zum brennen, mosten und dörren |

| Birnen | Reifezeit | Haltbar bis | Tafel | Verw. | Besonderheiten |
|---|---|---|---|---|---|
| Harrow Sweet | E. Sept. | Nov. | X | | Feuerbrandfest, ertragreich, schwacher Wuchs, benötigt Fruchtausdünnung |
| Metzer Bratbirne | M. Okt. | E. Okt. | | X | Kleinfruchtig, robust, wertvolle Mostbirne |
| Schweizer Wasserbirne | Okt. | A. Nov. | | X | Dörr-, Einmach- und Mostbirne, wenig feuerbrandanfällig |
| Novembra | M. Okt. | Dez. | X | X | Robust, gut lagerfähig |
| Gräfin von Paris | E. Okt. | Febr. | X | | Etwas schorfempfindlich |

| Süßkirsche | Reifezeit Kirschwoche | Tafel | Verw. | Besonderheiten |
|---|---|---|---|---|
| Burlat | 2. Kirschw. | X | | Mäßig platzfest, sparriger Wuchs |
| Dolleseppler | 4. Kirschw. | (X) | X | Brennkirsche, schüttelbar, starkwüchsig, auch für höhere Lagen |
| Büttners Rote Knorpel | 4. Kirschw. | X | | Gelbrot, relativ platzfest |
| Große schwarze Knorpel | 4.–5. Kirschw. | X | X | Sehr alte Süßkirschsorte, Einmachfrucht |
| Hedelfinger Riesen | 4.–5. Kirschw. | X | | Blüte frostanfällig |
| Kordia | 5.–6. Kirschw. | X | X | Blüte frostanfällig, sonst sehr ertragreich, platzfest, Einmachfrucht |
| Schneiders Späte Knorpel | 6.–7. Kirschw. | X | | Platzempfindlich, sehr moniliaanfällig |
| Karina | 7. Kirschw. | X | | Ertragreiche Sorte, platzfest, setzt früh ein |
| Regina | 7.–8. Kirschw. | X | | Aromatisch, großfruchtig, gering platzanfällig |

| Zwetschgen | Reifezeit | Tafel | Verw. | Besonderheiten |
|---|---|---|---|---|
| Toptaste | E. Aug. | X | X | Scharkatolerant, aromatisch |
| Jofela | M. Sept. | X | X | Scharkafrei, aromatisch |
| Jojo | M. Sept. | X | X | Färbt früh aus, ausreifen lassen, scharkafrei |

| Mirabellen & Renekloden | Reifezeit | Tafel | Verw. | Besonderheiten |
|---|---|---|---|---|
| Mirabelle von Nancy | A. Sept. | X | X | Ertragssicherste Mirabelle |
| Löhrpflaume | E. Aug. | | X | Brennpflaume |

| Walnuss | Reifezeit | Tafel | Verw. | Besonderheiten |
|---|---|---|---|---|
| Nr. 26 | Sept. | X | | Spät austreibend, robust |
| Mars | Sept | X | | Ertrag früh einsetzend, robust |

# Register

## Die Autoren

**Rolf Heinzelmann** ist gelernter Gärtner und Dipl.-Ing. (FH) Gartenbau. Er ist Geschäftsführer des Landesverbandes für Obstbau, Garten und Landschaft Baden-Württemberg e. V. (LOGL) sowie verantwortlicher Schriftleiter der Zeitschrift Obst & Garten. Außerdem ist er Autor zahlreicher Fachartikel und bekannter Vortragsredner.

**Manfred Nuber** hat nach Gärtnerlehre und dem Gesellenjahr Landespflege studiert. Seit 1997 ist er als Fachberater für Obst- und Gartenbau im Landratsamt Böblingen tätig. Er bietet regelmäßig Seminare zum Thema Obstgehölzschnitt an und bewirtschaftet einen Obstbaubetrieb im Nebenerwerb.

## Bildquellen

Nikolay Gyngazov/Shutterstock.com: S. 85; aneta-pics/Shutterstock.com: S. 38; Arnold, Albrecht: S. 105; Christian Mühlhausen/Landpixel: S. 24 (2); Erich Tomsch Naturfotografie: S. 77; Flora Press/BIOSPHOTO/B & G Médias: S. 57; Flora Press/BIOS-PHOTO/Jean-Michel Groult: S. 47; Flora Press/Derek St. Romaine: S. 90 u.; Flora Press/gartenfoto.at: S. 41, 46; Flora Press/Meyer-Rebentisch: S. 93; Flora Press/Visions: S. 103; Forschungsinstitut für biologischen Landbau FiBL, Thomas Alföldi: S. 45; Friedrich Strauß/Strauß, Friedrich: S. 55, 56; Harzer, Uwe: S. 90 o.; Hecker, Frank: S. 72; Heinzelmann, Rolf: S. 61, 67, 84, 97 o., 98, 121; Imago/Manfred Ruckszio: S. 11; Juergen Faelchle/Shutterstock.com: S. 71; Klimek Pavol/Shutterstock.com: S. 104; Kottmann, Petra: S. 23, 26, 100, 128; Landschaftspflegeverband Traunstein e.V.: S. 126; mauritius images: Titelbild, S. 3, 6/7, 9, 10, 14, 18, 15 o., 15 Mi., 21, 28, 29, 32/33, 34, 39, 40, 43, 76, 78, 79, 86, 89 u., 97 u., 99; Obst- und Gartenbauverein Angelburg 87 e.V.: S. 123; ondrej-sustik/Shutterstock.com: S. 106; savitskaya iryna/Shutterstock.com: S. 74; Schmidt-Röger, Heike: S. 22; Schwarzer, Elke: S. 15 u.; Springob, Friedrich: S. 16, 31, 35, 36, 37, 42, 64, 66, 81, 83, 110/111, 117, 119, 130/131; Vietmeier, Andreas: S. 88 u., 89 o., 92; Vilor/Shutterstock.com: S. 88 o.; Walter Hartmann: S. 48 (2), 49 (2); Zoonar/AnnaReinert: S. 124; Zoonar/Foto:EyePress Gatzen: S. 95

Alle Illustrationen stammen von Susanne Dinkel, Reutlingen, bis auf die folgenden: Helmuth Flubacher, Waiblingen: S. 58, 59 o., 60, 62 (2), 63, 66, 68, 69, 101.



**Bibliografische Information der Deutschen Nationalbibliothek**
Die Deutsche Nationalbibliothek verzeichnet diese Publikation in der Deutschen Nationalbibliografie; detaillierte bibliografische Daten sind im Internet über http://dnb.d-nb.de abrufbar.


Wollgrasweg 41, 70599 Stuttgart (Hohenheim)
E-Mail: info@ulmer.de
Internet: www.ulmer.de
Lektorat: Regine Gerst
Herstellung: Katharina Merz
Umschlaggestaltung: Atelier Reichert, Stuttgart
Satz: Atelier Reichert, Stuttgart
Reproduktion: timeRay Visualisierungen, Jettingen
Druck und Bindung: Westermann Druck, Zwickau
Printed in Germany

**ISBN 978-3-8186-0522-3**

# HIER KÖNNEN SIE WEITERLESEN:

**1 x 1 des Obstbaumschnitts.**
Bild für Bild. Rolf Heinzelmann, Manfred Nuber. 3., aktualisierte Auflage 2015. 96 Seiten, 70 Zeichnungen, kart.
ISBN 978-3-8001-8392-0.

Dieses handliche Buch vermittelt die Grundlagen für den richtigen Obstbaumschnitt und erläutert für jede Gehölzform das passende Vorgehen. Viele aussagekräftige Zeichnungen helfen Bild für Bild, die einzelnen Schritte beim Schnitt von Obstbäumen und Beerensträuchern besser zu verstehen und direkt beim Apfel-, Kirsch- oder Birnbaum schneiden erfolgreich umzusetzen. Beurteilen Sie bereits vor dem Schnitt, wie die Pflanze auf bestimmte Eingriffe reagieren wird und sorgen Sie mit gezieltem Obstbaumschnitt für gesundes Wachstum und eine leckere Ernte.

## STRÄUCHER SCHNEIDEN LEICHT GEMACHT

**1 x 1 des Ziergehölzschnitts.**
Bild für Bild. Rolf Heinzelmann.
2016. 96 Seiten, 55 Zeichnungen, kart.
ISBN 978-3-8001-0397-3.

Dieses Buch vermittelt die Grundlagen für den richtigen Strauchschnitt und erläutert für jede Schnittgruppe das passende Vorgehen. Viele aussagekräftige Zeichnungen helfen Bild für Bild, die einzelnen Schritte beim Schnitt von Ziersträuchern besser zu verstehen und direkt beim Schneiden von Forsythie, Clematis und Co. erfolgreich umzusetzen. Beurteilen Sie bereits vor dem Schnitt, wie die Pflanze auf bestimmte Eingriffe reagieren wird und sorgen Sie mit gezieltem Ziergehölzschnitt für gesundes Wachstum und eine üppige Blüte.